全国高等院校艺术设计规划教材

景观设计

檀文迪　高一帆　编　著

清华大学出版社
北　京

内 容 简 介

随着我国经济建设的不断发展，人们生活质量的显著提高，对周围环境空间的要求也有了更高层次的追求。景观设计是对当下的城市建设、城市规划、住宅设计、绿地系统规划等切身关系到人们物质和精神需求的深度艺术。景观设计的思想源远流长，时至今日终于形成了一门综合性、实践性的学科。它是对人与环境、人与自然相协调做出的努力，也是对人地关系的重新认识。

全书共分10章，结合中外景观设计的发展脉络，采用理论与实际案例相结合的说明方法，介绍了景观设计的概念、景观设计学的历史背景和发展、景观设计理论、景观设计理论的基础、景观设计的构成要素和造型要素、景观设计的方法和艺术手法、道路景观设计、居住区景观设计、庭院景观设计、城市开放空间景观设计、城市绿地景观设计，并以实际案例说明了想象力在景观设计中的作用，全面系统地阐述了景观设计的理论知识、设计原则和实际操作步骤。

本书内容翔实、语言简练、思路清晰、图文并茂、深入浅出、理论与实际设计相结合，通过大量的实例对景观设计进行了比较全面的介绍，本书可供高等院校相关专业本科生、研究生，以及从事景观设计领域相关专业的读者学习、参考。

图书在版编目(CIP)数据

景观设计/檀文迪，高一帆编著. --北京：清华大学出版社，2015（2024.9重印）
(全国高等院校艺术设计规划教材)
ISBN 978-7-302-37289-9

Ⅰ. ①景…　Ⅱ. ①檀… ②高…　Ⅲ. ①景观设计—高等学校—教材　Ⅳ. ①TU986.2

中国版本图书馆CIP数据核字(2014)第159968号

责任编辑： 汤涌涛
封面设计： 刘孝琼
责任校对： 王　晖
责任印制： 丛怀宇

出版发行： 清华大学出版社
网　　址：https://www.tup.com.cn，https://www.wqxuetang.com
地　　址：北京清华大学学研大厦A座　　邮　　编：100084
社 总 机：010-83470000　　邮　　购：010-62786544
投稿与读者服务：010-62776969, c-service@tup.tsinghua.edu.cn
质量反馈：010-62772015, zhiliang@tup.tsinghua.edu.cn
课件下载：https://www.tup.com.cn，010-62791865
印 装 者： 小森印刷（北京）有限公司
经　　销： 全国新华书店
开　　本： 190mm×260mm　　**印　　张：** 14.75　　**字　　数：** 352千字
版　　次： 2015年4月第1版　　**印　　次：** 2024年9月第6次印刷
定　　价： 58.00元

产品编号：056288-02

Preface 前言

当我们回顾人类世界的设计史，可以清晰地看到景观设计随着时代的步伐高速发展而来，有大量的项目涌现出来，也有大量的设计师投身其中。该行业的性质也从为古代的皇家园林及私家园林服务，演变成城市规划，城市广场、公园、道路、滨水区域、居住区景观等一系列为人民大众服务的丰富的内容。同时，景观设计也已经成为保护环境、提供生态技术、改变城市形象、提高居民生活质量、发展循环经济及可持续发展的绿色产业。

在景观设计快速发展的浪潮中，本行业也出现了一些急需解决的问题。如某些项目为了形象和面子，只顾跟风攀比，加之商业利益的诱惑和浮躁的心态致使景观项目没有从真正生态和可持续发展的角度来设计，没有从真正适合、真正体现当地文化特色，贴近人民群众的角度出发。这种现象意味着我们的文化并没有受到尊重与保护，我们生活的环境也没有因此而得到改善。而要让景观行业健康成长，解决景观行业发展中的一系列问题，必须建立一种适合当代景观设计发展的理念。这种理念是新型的理念，是运用现代景观理论和当代科学文化技术，融合国内外优秀的景观设计经验，反思设计中出现的纰漏，创造出既适合人类生活居住，又具备历史文化内涵的空间场所，在贯彻可持续发展的原则和展现环境空间艺术的同时，让人与自然更加和谐相处。

源于现当代的景观设计是艺术与科学两方面并重的，既要讲究景观设计带给人的艺术性，体现设计本身带来的美感，符合使用者和居民的审美心理；又要尊重科学的原则，讲究生态学、社会学等科学，在科学的基础上把握艺术的尺度，让景观设计的价值真正惠及我们的国家和社会。

本书从以上的景观设计理念和原则出发，详细介绍了有关景观设计的理论知识，针对不同景观类型提出了合理的建议。全书共分为10章。

第1章为景观设计的绪论部分，解释了景观设计涉及的基础定义和相关概念，纵向分析了国内外景观设计的发展历程，就发展过程中对影响景观设计进程的代表人物及作品，用案例列举的方法，做了比较详细的论述。

第2章是景观设计的理论部分，对景观设计的应用范围做了简要介绍，列举了相应的景观实例以加深理解。景观设计的理论基础是做好设计的前提，本章节对此进行了详细分析。

第3章介绍了景观设计的要素，分别介绍了景观设计的构成要素以及点、线、面、色彩等基本的视觉造型要素。

第4章介绍了景观设计的方法，详细解说了景观设计的具体流程和设计方案的步骤，还分析了景观设计的艺术手法。

前言 Preface

第5章开始对第2章所提到的景观设计的范围进行分类介绍，主要论述了道路景观设计的内容，包括城市道路和公路景观设计的构成要素及内容。

第6章在介绍了居住区的基本组成的基础上，注重强调居住区景观设计的原则、方法和内容。

第7章从庭院设计的定义、分类等方面加以论述，详细列举了中外不同的庭院类型，并辅助优秀案例进行学习和理解；还介绍了对有关庭院景观设计中室外空间的基本内容。

第8章从城市广场、城市公园和商业步行街三方面进行城市开放空间景观设计的详细内容。

第9章是城市绿地景观设计部分，详细介绍了城市绿地景观设计的知识，并结合案例对城市绿地系统规划做了分析研究。

第10章是本书案例赏析部分，以3.2节的造型要素和景观设计需要具备的最核心的创新思维入手，列举了有代表性的典型案例，赏析了案例中的理论运用和精彩部分。

本书由河北联合大学的檀文迪、高一帆两位老师共同编著，其中第1、2、4、5、9、10章由檀文迪老师编写，第3、6、7、8章由高一帆老师编写。

本书详细地记录了景观设计行业的发展轨迹和基本知识体系，由于时间有限，对于书中的实用功能和价值方面尚有不成熟、不到位的地方，仅作为当前景观设计的参考和借鉴，希望广大同行和业内老师批评、指正。

编　者

Contents

目录

目 录 Contents

第1章

绪　论

学习要点及目标

掌握景观设计的概念，并理解景观设计与其他设计概念的不同。
了解景观设计的发展过程，并掌握各个阶段的设计特点。
了解景观设计学在国内与国外的发展状况。

核心概念

景观设计　景观设计学　景观设计的发展

本章导读

景观设计是对自然和人文综合景色的规划及设计工作，因而景观设计的范围相当广泛，包括风景区、城市、建筑、园林、庭院、街景等多个环境层次。组成景观设计学科的知识结构主要有：规划学、建筑学、园艺学、环境心理学和艺术设计学等。景观设计师必须具有综合、全面的素质，并且能自如地应用这些专业知识。景观设计学的发展由来已久，本章将在1.2节进行详细介绍。

1.1　景观设计相关概念

1.1.1　景观

“景观landscape”一词最早出现在希伯来文本的《圣经》中，用于对圣城耶路撒冷整体美景的描述。无论是东方文化还是西方文化，“景观”最早的含义更多地具有视觉美学方面的意义，与“风景”同义或近意。对景观的定义，不同的分类给予了它不同的理解。

在地理学家眼中，他们把景观定义为一种地表景象，如沙漠景观、草原景观、森林景观(见图1-1)、城市景观(见图1-2)等；而艺术家则把景观作为一种艺术形式，对景观进行表现与再现；风景园林师则把景观作为建筑物的配景或背景；生态学家把景观定义为生态系统或具有结构和功能以及内外在联系的有机生态系统；旅游学家把景观当作旅游观光资源；而更常见的是景观被城市美化运动者和开发商等同于城市的街景立面，霓虹灯，房地产中的园林绿化和小品(见图1-3)、喷泉叠水。而一个更文学和广泛的定义则是“能用一个画面来展示，能在某一视点上可以全览的景象。尤其是自然景象，但哪怕是同一景象，对不同的人也会有很不同的理解，正如Meinig所说“同一景象的十个版本”(Ten versions of the same scene，1976)。

图1-1　自然景观

图1-2　城市景观

图1-3　小品雕塑景观

景观是人所向往的自然景象；景观是人类赖以生存的栖居地；景观是人造的工艺品与艺术品；景观是需要科学分析、科学解读、科学创造和改造方能被理解的物质系统；景观是现在及将来有待解决的问题；景观是可以带来财富的资源；景观是反映社会伦理、道德和价值观念的意识形态；景观是历史的演化，是人类文明的载体；景观是美，是我们塑造美的历程中得到的美的价值，是我们对美的认识与再认识的解读。

1.1.2 景观设计学

景观设计学，可以说是一门古老而崭新的学科，它的存在与发展一直与人类的发展息息相关，与人类的文明进程有关，是人们对生存生活环境的追求和不断提高的新的认识。正是我们对生活环境无意识和有意识的改造活动，才孕育了景观设计学的产生。

广义上来说，景观设计是指建立在环境艺术设计概念之上的艺术设计门类，其内容涉及到美术、建筑、园林和城市规划、道路、绿地等专业。而景观设计最通俗的解释，一般是指美化环境景色，以塑造建筑外部的空间视觉形象为主要内容的艺术设计。

景观设计学是一门综合性、实践性的学科和技术。景观设计学在各国有不同的表述观点，但都有明确的基本表达，即对土地及人类户外空间存在的一系列问题提出科学合理的分析解读，提出相应更加人性化，更适宜可持续发展的、科学的解决途径和解决方案，并最终促成设计的实现。它是一门建立在广泛的自然科学和人文艺术科学基础上的应用学科，其核心是生存的艺术。

我们可以从几个景观案例中体会一下优秀景观设计师对于景观设计学的理解和把握。

[案例1-1]　　ArchiSpel休闲活动广场

ArchiSpel是位于Spaarndam的一处休闲活动广场，如图1-4～图1-13所示。Spaarndam是荷兰哈勒姆和阿姆斯特丹邻近的一个小镇。2009年，政府组织了一项设计比赛。许多年轻的建筑设计师受邀参加这一竞赛。市政府希望给那些年轻的设计师们亲身参与真实项目的机会。

在这里设计师采用了椭圆形的小岛形状。每个岛都有适应不同环境的功能，都有其独特的状态与色彩，多个小岛聚集起来，便成群岛。在此地，年轻人仿佛进入一种梦境，徜徉漫步其中，休闲放松；年纪大些的人可以在这里下棋、娱乐。休闲场地上有各式各样的附属设施，如桌椅和小屋，都是用混凝土砖做成的。这些设施赋予这篇场地一种生机勃勃、坚不可摧的感觉。混凝土小屋的屋顶是由钢板制作的。

图1-4　ArchiSpel休闲活动广场

图1-5 ArchiSpel休闲活动广场

图1-6 ArchiSpel休闲活动广场

图1-7 ArchiSpel休闲活动广场

图1-8 ArchiSpel休闲活动广场

图1-9 ArchiSpel休闲活动广场

图1-10　ArchiSpel休闲活动广场

图1-11　ArchiSpel休闲活动广场

图1-12　ArchiSpel休闲活动广场

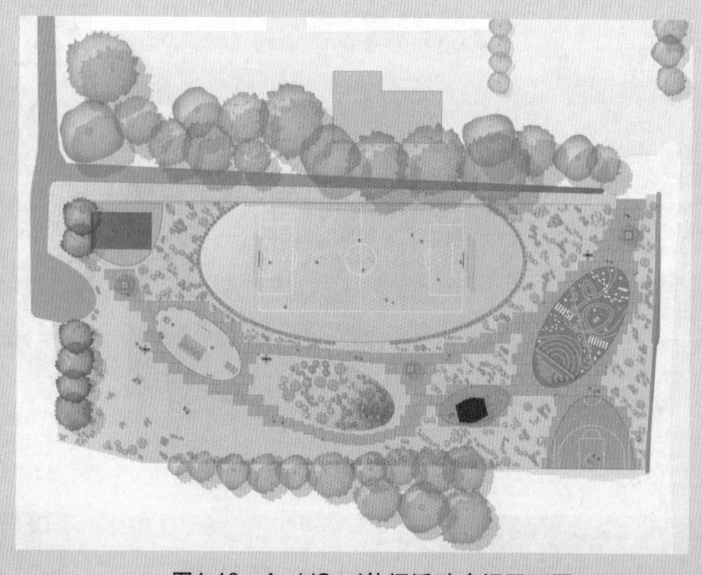

图1-13　ArchiSpel休闲活动广场平面图

案例摘自：园林景观网，作者改编

［案例1－2］　　escale numérique城市公共设施

法国设计师mathieu lehanneur最近完成了他的首个城市开发项目“escale numérique”，这也是为世界知名的户外广告公司JCDecaux专门设计的。这个小亭子的屋顶上覆盖了一层植物，让人联想到公园里大树的树冠。屋顶下方设计了几个转椅——这些用混凝土制作的公共座椅上还配备了迷你桌板以及为笔记本电脑提供的电源插座。同时，在中心位置还有一块触摸屏，上面会实时更新各种城市服务信息，例如指南、新闻与为参观者和旅游者提供的互动标识等。这个设计从顶部观看效果更好，它也将成为一种全新的城市建筑语言，如图1-14～图1-20所示。

图1-14　escale numérique城市公共设施

图1-15　escale numérique城市公共设施

图1-16　escale numérique城市公共设施

图1-17　escale numérique城市公共设施

图1-18　escale numérique城市公共设施

图1-19　escale numérique城市公共设施

图1-20 escale numérique城市公共设施

案例摘自：园林景观网，作者改编

［案例1－3］ 古埃尔公园

设计师：安东尼·高迪 位置：古埃尔公园 面积：171800平方米

年份：1914 摄影：Samuel Ludwig

古埃尔公园由安东尼高迪设计，业主Count Eusebi Guell要求他为巴塞罗那的贵族设计一座时尚的公园。伯爵曾计划建造一座房屋，以充分利用这片土地的景致和新鲜空气，但是，只有两个样板房屋建设完成，高迪自己就在其中之一居住。它是1904年由建筑师Francesc Berenguer设计的。这所房子现在成为一座博物馆，用以展示高迪的一部分作品。公园成为巴塞罗那著名的旅游景点，其中露台和标志性入口最为著名，侧面即那两座高迪建筑。

这个公园实际上与永远完不成的古埃尔领地教堂有些许相似之处，教堂毗邻公园，也在巴塞罗那郊区。在道路上，高迪采用与古埃尔领地教堂地穴相似的结构系统和材料。使用曲石柱以及当地砖、石来保护景观自然的感觉。最重要的，高迪融合了他华丽的风格于自然之中，使得结构自地面拔起如同树木又独特，是不可或缺的建筑要素。住宿的同时尊重自然，是这个公园最漂亮的部分之一，高迪说这让美景也变得诙谐、有趣，可以体验自然与建筑之间的关系。

古埃尔公园最大的吸引物自然要数露台，这里可以俯瞰整个巴塞罗那城，周围是流动曲线的座椅，马赛克、陶瓷碎片和铁栏杆都用于创建这个空间。在整个项目中，五颜六色的瓷砖以及俏皮的马赛克表面处理都能够凸显整个空间。构筑物优雅的容纳了现有的景观，成为风景的延伸，如图1-21～图1-24所示。

图1-21　古埃尔公园

图1-22　古埃尔公园

图1-23　古埃尔公园

图1-24　古埃尔公园

案例摘自：园林景观网，作者改编

[案例1-4]　　新加坡Cluny住宅

新加坡Cluny住宅项目是由Guz事务所在2009年完成的，项目演示了如何利用技术去巧妙地设计一个舒适、豪华、可持续的住宅，如图1-25～图1-30所示。

图1-25　新加坡Cluny住宅

图1-26　新加坡Cluny住宅

图1-27　新加坡Cluny住宅

图1-28　新加坡Cluny住宅

图1-29　新加坡Cluny住宅

图1-30　新加坡Cluny住宅

案例摘自：园林景观网，作者改编

以上作品旨在通过优秀的景观设计案例形象地阐明有关景观设计学的相关内容。文字说明相较于图示略显单薄，不够生动，通过以上举例说明，相信读者会对景观设计学的定义有更清晰的认识。

1.1.3　景观设计师

景观设计师(Landscape Architect)是经济、技术的飞速发展下，工业城市化和社会化背景下的产物。有的人容易将它与“园艺师”和“造园师”混为一谈，认为其主要负责的是花园、园林等简单的种植艺术的活动。景观设计师面临的是土地、人类、城市和土地上的一切生命的安全与健康，以及可持续发展的问题。正如俞孔坚大师说的“景观设计师面对的是脚下的土地，是人类生存和发展的空间，是人们赖以居住和生活的地方”。

园林学是研究如何合理运用自然因素、社会因素来创造优美的生态平衡的人类生活境域的学科。而景观设计是一项设计内容丰富的，具有科学理性分析和艺术灵感创作于一体的，关于对土地设计的综合创作，并旨在解决人们一切户外空间活动的问题，为人们提供满意的生活空间和活动场所。某种程度上，园林设计可以视作景观设计的一部分。

景观设计师从事的工作领域涉及环境景观建设的诸多要素，需要从业人员具备良好的专业素质。它的专业及核心是景观与风景园林规划及设计，其相关专业及知识包括城市规划、生态学、环境艺术、建筑学、园林工程学、植物学等。

1.1.4　景观设计与其他相关概念

景观设计学的产生和发展涉及到诸多学科和领域，有着相当深厚和宽广的知识底蕴。如哲学中人们对人地关系、人与周围环境的关系等的认识；美术中对于景观设计物体的体量、大小、比例、空间关系等的把握；建筑中不同的建筑流派对于景观设计的影响等，无不与景观设计息息相关，需要全方面地布局和把控。因此，提到景观设计学，必须要弄清它和其他相近专业之间的关系，或者说其他专业所解决的问题和景观设计所解决的问题之间的差异。这样才可能更加清楚景观设计的概念。

1. 建筑学

早在远古时期，人们就明白了生存条件的好坏对人类发展的影响。地球上不同种族的人们，在经历了上百万年的尝试、摸索之后，终于在这种尝试活动中积淀了丰富的经验，为建筑学的诞生，为人类的进步做出了巨大的贡献。

早期的建筑师的主要任务是主持建造具有代表性的建筑和广场。随着城市的发展，现在建筑师的主要职责就专注于设计有特定功能的建筑物，例如住宅(见图1-31)、公共建筑(见

图1-31　住宅建筑

图1-32)、学校和工厂等。

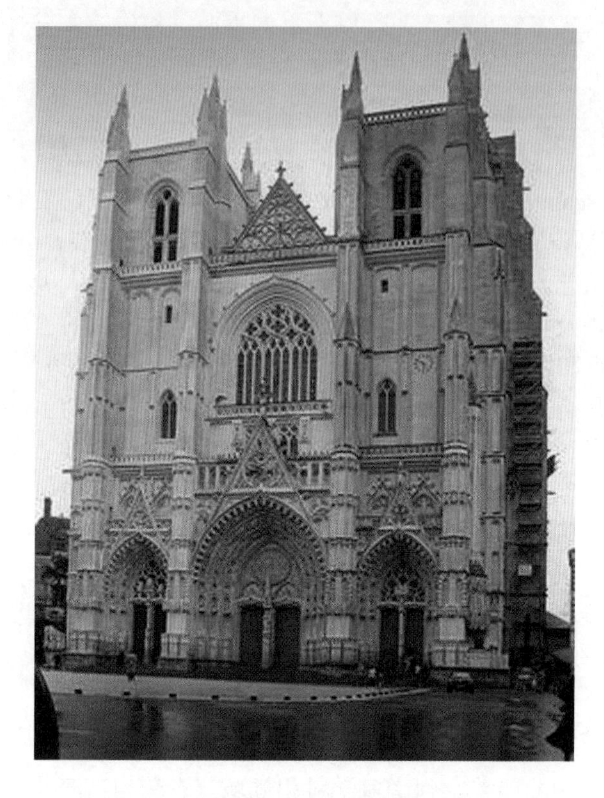

图1-32　城市建筑

2．城市规划

城市规划虽然早期是和建筑结合在一起的，但是，无论是欧洲还是亚洲大陆的国家，都有关于城市规划发展的思路，比如比较原始形式的居民点选址和布局问题。现在，城市规划考虑的是为整个城市或区域的发展制订总体计划，它更偏向社会经济发展的层面，如图1-33所示。

图1-33　某城市规划效果图

3．风景园林学

在《园林绿化及管理》中提到的风景园林学指的是在一定的地域范围内，根据功能要求、经济技术的条件和艺术布局规律，利用并改造天然山水地貌或人工创作山水地貌，结合植物栽培和建筑、道路的布置而构成一个供人们观赏和游憩的环境。

中国最早的造园活动可以追溯到两千多年前祭祀神灵的场地、供帝王贵族狩猎游乐的园囿等，这些都是园林的雏形。当然也可以看作是景观设计早期的活动。正是由于风景园林学和景观设计存在着一定程度和领域的交叉，以致于人们往往将景观设计等同于景园设计。

4．市政工程学

市政工程主要包括城市给排水工程、城市电力系统、城市供热系统、城市管线工程等内容。相应的市政工程师则为这些市政功用设施的建设提供科学依据。同时景观设计中关于城市景观设计也需要考虑到这些方面的内容，以便于对于城市景观建设有一个宏观的把握。

景观设计学，严格意义上讲，其研究领域和实践范围界限并不是十分明确，但也与其他学科职业之间有着显著的差异。景观设计要综合建筑设计、园林设计、城市规划、城市设计、市政工程设计、环境设计、艺术设计等相关知识，综合运用创造出具有美学和实用价值的设计方案，为人类的生产生活创作更科学、更合理的空间布局。

1.2　现代景观设计的产生

从上节“景观设计与相关学科的关系”中，可以看出，景观设计的产生是建筑学、城市规划学、风景园林学等学科发展、融合和进一步分工的结果。那么无可避免的，景观设计的产生与其相关学科之间的产生与发展也是密切相关的。所以，提及景观设计的产生，从历史发展的角度来讲，是大的文化背景下，工业文明带动一系列建筑学、景观设计、城市设计等逐渐发展起来的。

1.2.1　景观设计产生的历史背景

早在几千年前的奴隶社会和封建社会，人们已经开始为周围生活环境做出简单的布置和改良，方便生产生活的有序进行，比如中国河姆渡原始居民为了适应环境，采用榫卯技术建造的的干栏式建筑(见图1-34)，各种陶器的制作等。虽然在当时只是为了生产方式更加适应于生产力的发展，与艺术不相关。但是，它依然符合人们对土地及人类户外空间存在的一系列问题提出科学合理的分析解读，提出相应的更加人性化、更适宜可持续发展的、科学的解决途径和解决方案这一景观设计的定义。所

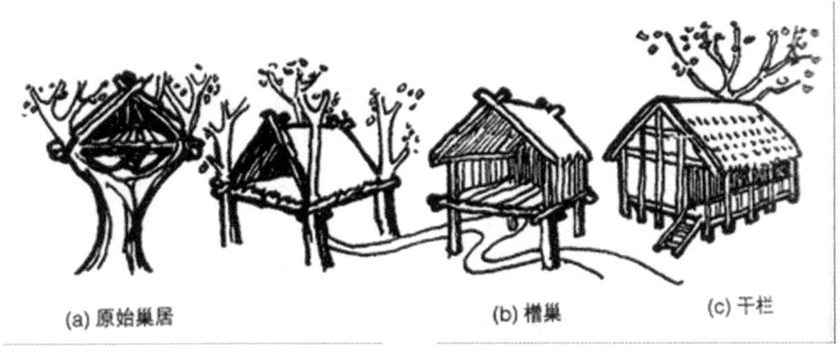

图1-34　干栏式建筑

以，这可以被看作是景观设计产生的最早的历史背景。直到今天，依然有景观设计师或建筑师以古代建筑作为现代住宅或建筑的灵感来源，如日本的“云”树屋，如图1-35所示。

工业化社会之后，工业革命在给人们带来巨大社会进步的同时，由于人们认识的局限，同时也将原有的自然景观分割得支离破碎，完全没有考虑生态环境的承受能力，也没有可持续发展的指导思想。这直接导致了生态环境的破坏和人们生活质量的下降，以致于人们开始逃离城市，寻求更好的生活环境和生活空间。这时有意识的景观设计才开始酝酿。工业化带来的环境问题，直接催生出景观设计的正式出现，并从最初的解决环境问题转变为追求更好的生活环境。由此开始形成现代意义上的景观设计，即解决土地综合体的复杂的综合问题，解决土地、人类、城市和土地上的一切生命的安全与健康，以及可持续发展的问题。所以景观设计的产生是在大工业化、城市化背景下兴起的。

图1-35　日本“云”树屋

1.2.2　景观设计学的发展

在现代景观设计学起源较早的是欧美国家，尤其是美国哈佛大学风景园林专业已有106年的历史，一直处于国际领先的地位。欧美经济发达的国家对景观设计学院的学科教育体系进行着不断的调整，吸收容纳其他学科的教学优势，运用开放包容并蓄的姿态塑造景观设计师的能力和创造力，培养其设计师无论在工作技能还是社会责任感方面的学习能力，逐渐建立起完整的景观设计学的学科教育体系。

在美国景观规划设计专业教育是哈佛大学首创的。在某种意义上讲，哈佛大学的景观设计专业教育史代表了美国的景观设计学科的发展史。从1860—1900年，奥姆斯特德等景观设计师在城市公园绿地、广场、校园、居住区及自然保护地等方面所做的规划设计奠定了景观设计学科的基础，之后其活动领域又扩展到了主题公园和高速路系统的景观设计。 纵观国外的景观设计专业教育，非常重视多学科的结合，包括生态学、土壤学等自然科学，也包括人类文化学、行为心理学等人文科学，最重要的还必须学习空间设计的基本知识。这种综合性进一步推进了学科发展的多元化。

[案例1−5]　　奥姆斯特德：斯坦福大学

斯坦福大学(Stanford University)全称为小利兰 · 斯坦福大学(Leland Stanford Junior University)，是美国的一所私立大学，被公认为世界上最杰出的大学之一。斯坦福大学于1891年由利兰 · 斯坦福建立，位于加利福尼亚州的斯坦福市，临近旧金山。

奥姆斯特德最钟爱的风景需要较大的降水量才能获得效果，但他也认识到美国的大部分地区拥有不同的气候条件。因此，他着手为南方开发了一种独立而鲜明的景观风格，而在半干旱的西部，他注意到有必要建立一种新的水分保持的地区风格。在旧金山海湾地区和科罗拉多的6个项目中，他奠定了这一手法的基础，尤其是在斯坦福大学的校园中体现得最为明显，如图1-36～图1-44所示。

图1-36　斯坦福大学

图1-37　斯坦福大学

图1-38　斯坦福大学

图1-39　斯坦福大学

图1-40　斯坦福大学

图1-41　斯坦福大学

图1-42 斯坦福大学

图1-43 斯坦福大学

图1-44 斯坦福大学

案例摘自：园林景观网，作者改编

中国大陆的景观设计起步较晚，但发展很快。其中突出贡献者是俞孔坚大师。俞孔坚1995年获哈佛大学设计学博士，1997年回国创办北京大学景观设计学研究院，并在北京大学创办了两个硕士学位点：景观设计学硕士和风景园林职业硕士。1998年创办国家甲级规划设计单位——北京土人景观与建筑规划设计研究院，目前已达350多人的国际知名设计院。他出版了著作15部，并完成了大量城市与景观的设计项目；促成了景观设计师成为国家正式认定的职业，并推动了景观设计学科在中国的确立。

［案例1-6］ 俞孔坚：秦皇岛汤河公园设计

秦皇岛汤河公园位于海港区西北，汤河的下游河段两岸，北起北环路海洋桥，南至黄河道港城大街桥，该段长约1公里，设计范围总面积约20公顷。汤河为典型的山溪性河流，源短流急，场地的下游有一防潮蓄水池。

设计理念：尊重乡土知识，适应场所自然过程，充分利用当地材料；保护与节约自然资源，坚持保护、减量、再用和循环与再生理念；让自然做功，强调人与自然的共生与合作，减少设计的生态影响。打破通常水利和园林工程的设计模式，不再走“硬化河岸，绿化、硬化路径与人为景观相隔离”的老路，而是在维护汤河公园原有生态功能，保留自然河流的绿色与蓝色基调的基础上，以最简约的设计、最经济的人工干预，对有利用价值的自然元素进行保护性改造。景观设计中不追求豪华与离奇，而是将景观设计作为“生存的艺术”，与普通人的生存为重，倡导“寻常景观”与“大脚美学”和“足下文化与野草之美”。

设计最大限度地保留了场地原有的乡土植被和环境，在此绿色基地上设计了一条绵延500多米的红色飘带，整合了多种城市功能：它与木栈道结合，可以作为座椅；与灯光结合，而成为照明设施；与种植台结合，而成为植物标本展示廊；与解说系统结合，而成为科普展示廊；与标识系统相结合，而成为一条指示线，如图1-45～图1-52所示。

图1-45　秦皇岛汤河公园设计

图1-46　秦皇岛汤河公园设计

图1-47　秦皇岛汤河公园设计

图1-48　秦皇岛汤河公园设计

图1-49　秦皇岛汤河公园设计

图1-50　秦皇岛汤河公园设计

01

图1-51　秦皇岛汤河公园设计

图1-52　秦皇岛汤河公园设计

案例摘自：园林景观网，作者改编

本章小结

学习景观设计，首先应对景观设计的概念有基本了解，从景观设计、景观设计学、景观设计师等概念入手，了解景观设计在国内和国外的发展状况。

思考练习

1. 景观设计的概念是什么？
2. 简述景观设计师的概念？
3. 景观设计在国内发展的状况如何？

实训课堂

实训课题：景观设计在中国

(1) 内容：考察国内城市景观，了解景观设计的作用和重要性。

(2) 要求：组织学生考察当地著名的景观，展开景观设计的社会调查。了解景观设计与城市面貌之间的关系。调查报告必须实事求是、理论联系实际；观点鲜明，文理精当，不少于3000字；文字中附插图，要求编排形式合理。

第2章

景观设计理论

学习要点及目标

了解景观设计的应用范围和具体内容。
了解景观设计的原则。
了解景观设计的理论基础。

核心概念

景观设计　文艺美学　景观生态学　环境心理学

本章导读

景观设计应用在实际生活中的多个领域，我们所处的生存环境到处可见景观设计的影子。了解景观设计的应用范围对于我们掌握景观设计的宏观认识有着重要作用。其次，在进行宏观认识的基础上掌握景观设计的理论基础有助于读者进一步学习景观设计的构成要素和造型方法。

2.1　景观设计的应用

景观设计有着广泛的对象领域，大到可视的国土领域，大型城市、中到小型城市、城镇村落，小到庭院、室内外的绿色空间，甚至单独小型封闭空间或者具体到物象，都需要景观设计，如图2-1和图2-2所示。

图2-1　城市景观设计

图2-2　小品景观设计

2.1.1　应用范围综述

就内容而言，景观设计的应用包括纯自然的生态保护和恢复，城市的空间布局与景观透视，人类各种聚落的生态环境与景观效果等。从现代景观设计的类型来看大致分为城市景观设计(见图2-3和图2-4)、风景度假区设计、主题公园景观设计、庭院景观设计(见图2-5)、居住区景观设计、城市广场、城市公园、步行商业街、滨水区开发乃至整个城市的绿地系统景观设计等。

图2-3　城市滨水区景观设计

图2-4　城市道路景观设计

图2-5　庭院景观设计

［案例2-1］　　KMD：墨西哥地下商业街

KMD Architects建筑事务所在墨西哥圣达菲市中心设计了多功能的帕奎地下中心，立面包括6.5万平方英尺的购物区、娱乐区和三层的停车区。而这么大的一个地下建筑完全没有影响到上面的城市绿肺。购物者不会在冰冷的黑暗中行走，因为深入地底的玻璃天窗能让自然光热进入到建筑内。

在地上能看到这个地下购物中心，它和公园的水景、树木、慢跑道、草地都融合在一起。可以说，整个公园就是这个购物中心的绿色屋顶，这么大的一个绿色屋顶完全保证了建筑的绝热、调温需求和空气质量，如图2-6～图2-10所示。

图2-6　墨西哥地下商业街

图2-7　墨西哥地下商业街

图2-8　墨西哥地下商业街

图2-9　墨西哥地下商业街

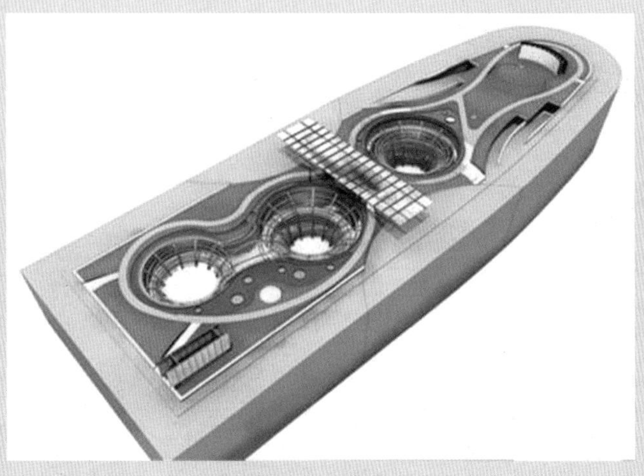

图2-10　墨西哥地下商业街总平面效果图

案例摘自：园林景观网，作者改编

[案例2-2]　Millennium Park——芝加哥千禧公园

芝加哥千禧公园坐落于美国芝加哥洛普区，是密歇根湖湖畔重要的文化娱乐中心，含盖整个格兰特公园西北边24.5英亩(99 148平方米)的土地。该地区曾经被伊利诺伊中央铁路(Illinois Central Railroad)当作停车场使用。截至2009年，千禧公园是全芝加哥人气第二高的旅游景点，仅次于海军码头，如图2-11和图2-12所示。

图2-11　芝加哥千禧公园

图2-12　芝加哥千禧公园

城市公共空间已不仅仅是一个城市的象征，而应该具有更多的功能性。从功能性分析，城市公共空间应具备休闲娱乐、运动健身、弘扬文化、美化城市等基本功能，同时还应因地制宜，努力发掘其他功能。

城市公共空间的本质属性应该是公共性，它属于整个城市，属于全体市民，每个市民都有享受它的权力，如图2-13和图2-14所示。

图2-13　芝加哥千禧公园

图2-14　芝加哥千禧公园

皇冠喷泉，由西班牙艺术家詹米·皮兰萨设计，是两座相对而建的、由计算机控制的15米高的显示屏幕，交替播放着代表芝加哥的1000个市民的不同笑脸，欢迎来自世界各地的游客。每隔一段时间，屏幕中的市民口中会喷出水柱，为游客带来惊喜。每逢盛夏，皇冠喷泉变成了孩子们戏水的乐园。至此，让人们不得不敬重艺术家的超凡想象设计，他们抛却传统的公共雕塑功能，而让原本静止的物体与游人一起互动起来，赋予了雕塑新的意义。

云门，该雕塑由英国艺术家安易斯(Anish)设计，整个雕塑由不锈钢拼贴而成，虽体积庞大，外型却非常别致， 宛如一颗巨大的豆子，因此也有很多当地人称它为“银豆”。由于表面材质为高度抛光的不锈钢板，整个雕塑又像一面球形的镜子，在映照出芝市摩天大楼和天空朵朵白云的同时，也如一个巨大哈哈镜，吸引游人驻足欣赏雕塑映出的别样的自己，如图2-15所示。

露天音乐厅，弗兰克·盖瑞亲自操刀设计，整个建筑的顶棚犹如泛起的片片浪花，能容纳7000人的大型室外露天剧场则由纤细交错的钢构在大草坪上搭起网架天穹，营造了极具视觉冲击力的公共空间。这与芝加哥早前中规中矩的建筑风格形成了鲜明的对比，让人耳目一新，如图2-16所示。而跨公路连接千禧公园和戴利两百周年

图2-15　芝加哥千禧公园

图2-16　芝加哥千禧公园

纪念广场的蛇形BP桥，其不锈钢蛇形桥体在材质、造型语言上与雕塑化的露天剧场舞台顶棚形成整体视觉呼应。在这里，每年都会举办大型的的音乐节，场面颇为壮观，如图2-17和图2-18所示。

图2-17　芝加哥千禧公园

图2-18　芝加哥千禧公园

案例摘自：园林景观网，作者改编

2.1.2　景观设计的原则

1. 生态性原则

景观设计的生态性主要表现在自然优先和生态文明两个方面。自然优先是指尊重自然，显露自然。自然环境是人类赖以生存的基础，尊重并净化城市的自然景观特征，使人工环境与自然环境和谐共处，有助于城市特色的创造。另外，设计中要尽可能地使用再生原料制成的材料，最大限度地发挥材料的潜力，减少能源的浪费。

[案例2-3]　BURO II：多米尼加生态度假区设计

这个酒店沙滩度假区的设计理念是以当地的经济、文化和自然遗产为中心的，酒店吸收了岛屿的自然生态特点。这个居住度假区有22000m^2，将座落在多米尼加国西区美露沙滩(Miro Beach)沿岸。

美露沙滩是整个岛上非常重要的沙滩之一，拥有独特的同社会相关的生态价值。这些社会和生态特征同脆弱的文化、经济和自然平衡密切相关，因此对它的保护是至关重要的。这个度假胜地旨在保护这种平衡并改进可持续发展的方法。该项设计也传达了一种理念就是，为何可持续性同当地的经济、文化和自然遗产的关系是如此密切的。酒店设计吸收了岛屿的自然生态特点，意味着：

隐私和安全可以结合在一起。

人们的活动可以丰富自然生态的多样性，而不是摧毁它。

旅游业可以成为可持续性文化、社会和经济发展的一个杠杆。

设计和建造过程中的还原能力和灵活性可以保证经济、社会和金融的可持续性。

新的建筑以及能量使用、水的使用、垃圾制造等对气候方面造成的不良影响是非常有限的。

美露山庄和这个旅游胜地会携手形成一个社会和经济活动中心，吸引那些希望能够体验多米尼加独特的自然和文化遗产，品尝当地特产，欣赏当地手工技术的旅游者。这个度假区将会从著名的雨林、海岸线和湿地的生态环境与濒临灭绝的物种中获得利润，同时也会保护和改善这些自然生态环境。美露沙滩作为一个新型的文化和商业模板，会启示未来的设计向可持续性方向发展。

这个项目的目标是能够让村庄和自然形成一种对话的形式。这一地点的主要特点有：现有的海滩、海滨处浓密的植物、从平坦到陡峭的地形、河流、峡谷以及美露村庄的亲切。

项目的概念就是修建一条直路，作为整个工程的脊柱。这个漫步道将连接许多设施，从而可以使公共场所和私人场所相连接。沙滩将会以这种方式“被装备”，以向游客和宾客开放的级别差异作为特点。并将修建码头、商店、生态公园、会客厅、会议厅、停车场、更衣室、SPA、饭店和沙滩俱乐部等基础设施，如图2-19～图2-22所示。

图2-19　多米尼加生态度假区设计

图2-20　多米尼加生态度假区设计

图2-21　多米尼加生态度假区设计

图2-22　多米尼加生态度假区设计

高强度的项目建设已被分散进行，以此将在这个敏感地区进行开发所产生的不利影响减到最小。发展策略以一个系统作为指导，这个系统会以当地的地形特点来调节容积形式。

可持续材料和技术的使用以及自然植物的主导地位加强了在自然环境中建筑整合的概念。这个新的开发项目以当地的植物和海景作为框架，将会成为多米尼加海岸线一个新的地标，同时也不会遮盖住现有的精髓——自然。

案例摘自：园林景观网，作者改编

2．文化性原则

作为一种文化载体，任何景观都必然地处特定的自然环境和人文环境，自然环境条件是文化形成的决定性因素之一，影响着人们的审美观和价值取向。同时，物质环境与社会文化相互依存，相互促进，共同成长。

景观的历史文化性主要是人文景观，包括历史遗迹、遗址、名人故居、古代石刻、坟墓等。一定时期的景观作品，与当时的社会生产、生活方式、家庭组织、社会结构都有直接的联系。从景观自身发展的历史分析，景观在不同的历史阶段，具有特定的历史背景，景观设计者在长期实践中不断地积淀，形成了系列的景观创作理论和手法，体现了各自的文化内涵。从另一个角度讲，景观的发展是历史发展的物化结果，折射着历史的发展，是历史某个片段的体现。随着科学技术的进步，文化活动的丰富，人们对视觉对象的审美要求和表现能力在不断的提高，对视觉形象的审美体征，也随着历史的变化而变化。

景观的地域文化性指某一地区由于自然地理环境的不同而形成的特性。人们生活在特定的自然环境中，必然形成与环境相适应的生产生活方式和风俗习惯，这种民俗与当地文化相结合形成了地域文化。

在进行景观创作甚至景观欣赏时，必须分析景观所在地的地域特征、自然环境，入乡随俗，见人见物，充分尊重当地的民族系统，尊重当地的礼仪和生活习惯，从中抓住主要特点，经过提炼融入景观作品中，这样才能创作出优秀的作品。

［案例2-4］　上海七宝古镇历史文化风貌区保护规划

七宝古镇始于北宋，盛于明清，是留存至今距上海市区最近的江南古镇。风貌区内街巷交错，拥有众多优秀的传统建筑。七宝老街作为风貌区最主要的部分，留存有许多传统特色的民居和商业街市，集中体现了典型的江南地区传统城镇中心的历史风貌。

本风貌区确定以商业服务为主体功能，突出传统城镇中心地区的功能地位，保护以江南水乡及上海传统地域文化为特色的风貌特征。保护规划着重于全面提升本风貌区整体环境品质，强化旅游及商业服务功能，充实文化休闲功能，如图2-23～图2-25所示。

图2-23　上海七宝古镇历史文化风貌区保护规划

图2-24　上海七宝古镇历史文化风貌区保护规划

图2-25　上海七宝古镇历史文化风貌区保护规划

案例摘自：园林景观网，作者改编

3．艺术性原则

景观不是绿色植物的堆积，不是建筑物的简单摆放，而是各生态群落在审美基础上的艺术配置，是人为艺术与自然生态的进一步和谐。在景观配置中，应遵循统一、调和、均衡、韵律四大基本原则，使景观稳定、和谐，让人产生柔和、平静、舒适和愉悦的美感。如案例2-5，Crater Lake景观设计体现了景观设计的艺术性原则。

[案例2-5]　　Crater Lake景观设计

Crater Lake由24°Studio在2011年10月1日到11月23日在神户进行展出，该项目在日本神户举行的Shitsurai国际艺术节中成为获奖者之一。Crater Lake的表面不仅能提供躺、站，而且提供了灵活的座位。

设计的灵感来源于1995年阪神大地震导致建筑环境不可避免的损坏，这种破坏性的历史影响给予了各地居民更强烈的友好和援助，帮助他们战胜灾害重建城市，使其成为更好的生活环境，让人与人的社会关系更为密切。在Crater Lake景观设计之初不仅考虑满足周围环境的融洽，更重要的是强调维持社会之间的互动。

Crater Lake外表像是美国奥瑞根的漪丽火山湖，坐落于神户的人造岛上的Shiosai公园，Shiosai公园为神户的市中心提供了一个宏大的山景和海景图。考虑此地点的地理位置特殊性和优势，因此选用木质材料搭造一个起伏景观，提供了一个开放不受约束且能360度观景的视觉景观，如图2-26～图2-33所示。

图2-26　Crater Lake景观设计

图2-27　Crater Lake景观设计

图2-28　Crater Lake景观设计

图2-29　Crater Lake景观设计

图2-30　Crater Lake景观设计

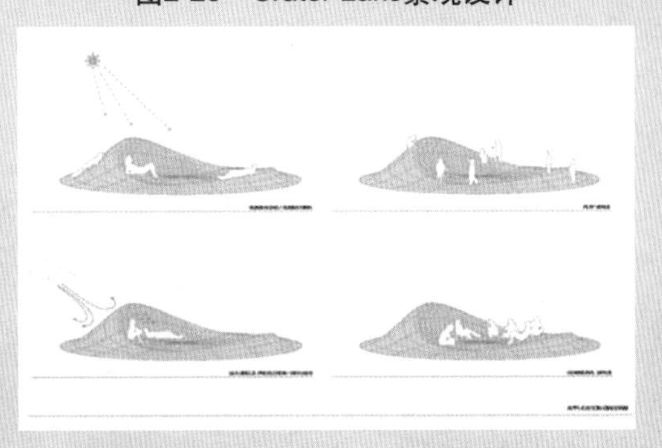

图2-31　Crater Lake景观设计图

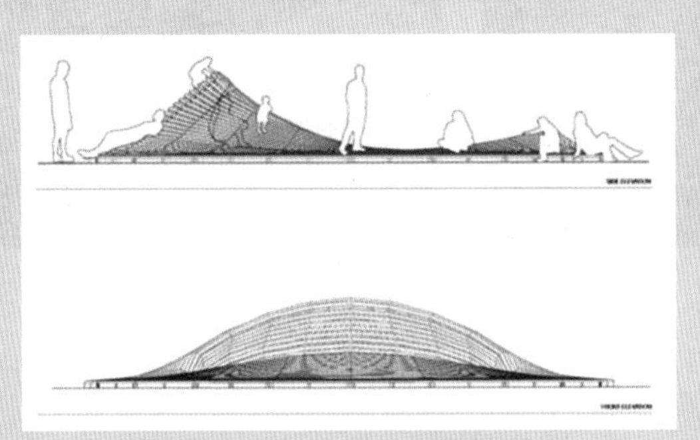

图2-32　Crater Lake景观设计图

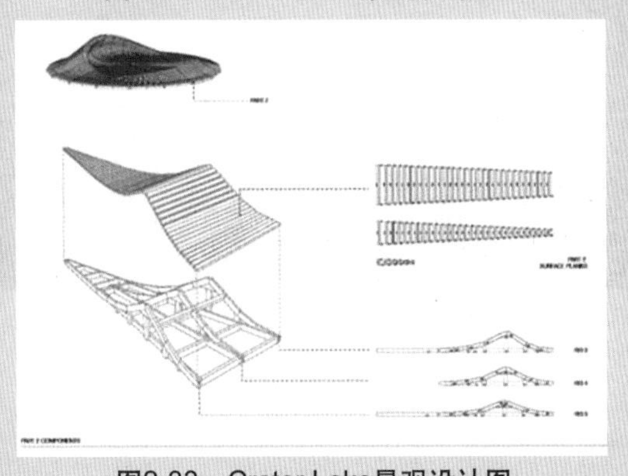

图2-33　Crater Lake景观设计图

案例摘自：园林景观网，作者改编

2.2　景观设计的理论基础

景观设计的宗旨是为人们规划设计适宜的人居环境，具体讲是通过对具体地块合理分析，做出其用途的进一步安排，通过设计解决人们一切户外空间活动的问题。在第一章中我们提到过，景观设计和相近学科的发展，是人们对“人地关系”认识的进步。地块上的一切安排都是为使用它的人提供方便的，人们对地块的安排也要尊重自然地形，以达到人地和谐。因此，景观设计就离不开对生态学和人类行为的研究。

2.2.1　文艺美学

在当代社会发展中，景观设计师往往必须具备规划学、建筑学、园艺学、环境心理学和艺术设计学等多方面的综合素质，那么所有这些学科的基础便是文艺美学，具备这一基础，再加之理性的分析方法，用审美观、科学观进行反复比较，最后才能得出一种最优秀的设计方案，创造出美的景观作品。

而在现代城市景观设计中，遵循形式美规律已成为当今景观设计的一个主导性原则。文艺美学中的形式美规律是带有普遍性和永恒性的法则，是艺术内在的形式，是一切艺术流派的美学依据。运用美学法则，以创造性的思维方式去发现和创造景观语言是我们的最终目的。

如图2-34、图2-35所示，景观设计正是遵循了文艺美学中多样与统一的原则。多样与统一是一切艺术形式美的基本规律。两者既相互对立又相互依存。用一定的变化来显示多样性，这样既生动活泼又和谐统一。一个多余的不协调的要素会引起视觉上的紧张和冲突，破坏美感。过于繁杂，起伏过多，会让人心烦意乱、杂乱无章、无所适从；而平铺直叙，没有起伏，没有变化，又会显得过于单调呆板，缺少新意与趣味。所以，既能多样又能统一，在纷乱中做到井然有序才能使景观达到和谐的境界，从而给人以美的享受。

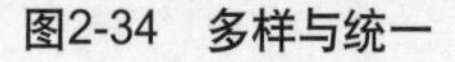

图2-34　多样与统一

图2-35　多样与统一

如上所说，过于繁杂和一味地平铺直叙都不可取，那怎么才能在秩序中寻求美感，在规律中找到美点呢？

从图2-36和图2-37中我们可以看到，这两幅图既有一定的重复性却又不失美感。发觉秩

序美 的规律，在反复、韵律、渐次中找到统一的规律是秩序美的根本目的。

图2-36 秩序美

图2-37 秩序美

和其他艺术形式一样，景观设计也有主从与重点的关系。自然界的一切事物都呈现出主与从的关系，例如植物的干与枝、花与叶，人的躯干与四肢。社会中工作的重点与非重点，小说中人物的主次人物等都存在着主次的关系。在景观设计中也不例外，同样要遵守主景与配景的关系，要通过配景突出主景。如图2-38中颐和园的佛香阁，佛香阁为主体，其他建筑、树木均为配景，重点在于突出佛香阁的气势。

图2-38 佛香阁

总之，景观设计需要具备一定的文艺美学基础才能创造出和谐统一的景观，正是经过在自然界和社会的历史变迁，我们发现了文艺美学的一般规律，才会在景观设计这一学科上塑造出经典，让人们在美的环境中继续为社会乃至世界创造财富。

2.2.2 景观生态学

景观生态学(Landscape Ecology)是研究在一个相当大的领域内，由许多不同生态系统所组成的整体的空间结构，相互作用，协调功能以及动态变化的一门生态学新分支。在1938年，德国地理植物学家特罗尔首先提出景观生态学这一概念。他指出景观生态学由地理学的景观和生物学的生态学两者组合而成，是表示支配一个地域不同单元的自然生物综合体的相互关系分析。进入20世纪80年代以后，景观生态学才真正意义上实现了全球的研究热潮。另一位德国学者Buchwaid进一步发展了景观生态的思想，他认为景观是个多层次的生活空间，是由陆圈、生物圈组成的相互作用的系统。

“二战”以后，全球人类面临着人口、粮食、环境等众多问题，加之工业革命带动城市的迅速发展，使生态系统遭到破坏。人类赖以生存的环境受到严峻考验。这时一批城市规划师、景观设计师和生态学家们开始关注并极力解决人类面临的问题。美国景观设计之父奥姆斯特德正是其中之一，他的《Design With Nature1969》奠定了景观生态学的基础，建立了当时景观设计的准则，标志着景观规划设计专业勇敢地承担起后工业时代重大的人类整体生态环境设计的重任，使景观规划设计在奥姆斯特德奠定的基础上又大大扩展了活动空间，如图2-39、图2-40所示。

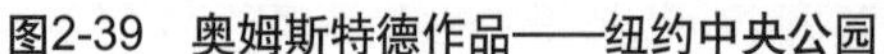

图2-39　奥姆斯特德作品——纽约中央公园

图2-40　奥姆斯特德作品——康奈尔大学

景观生态要素包括水环境、地形、植被等几个方面。

1．水环境

水是全球生物生存必不可少的资源，其重要性不亚于生物对空气的需要。地球上的生物包括人类的生存繁衍都离不开水资源。而水资源对于城市的景观设计来说又是一种重要的造景素材。一座城市因为有山水的衬托而显得更加有灵气。除了造景的需要，水资源还具有净化空气、调节气候的功能。在当今的城市发展中，人们已经越来越认识到对河流湖泊的开发与保护，临水的土地价值也一涨再涨。比如中国的滨海城市青岛、日照等，越是近海地区的住宅景观价值越大。虽然人们对于河流湖泊的改造和保护达成了一致共识，但对具体的保护水资源的措施却存在着严重的问题。比如对河道进行水泥护堤的建设，却忽视了保持河流两岸原有地貌的生态功效，致使河水无法被净化等问题。下面“淡水工厂”大楼的设计从水资源有效利用的角度出发，为我们怎样保护水资源提供了一个良好的范本。

[案例2-6]　DCA：“淡水工厂”大楼设计

法国巴黎Design Crew for Architecture设计公司(简称DCA)参与的2010年摩天大厦设计竞赛的设计作品叫“淡水工厂”。

举办方希望用一个全新的项目来重新定义“摩天大厦”这个名词，因此DCA决定寻找一个特别的地点来建造这座建筑，于是乡野便成了他们最佳的选择。可能很多人会问：为什么要在乡野中建造一座摩天大厦呢？在乡野中建造这样一座大厦又有何用呢？

虽然地球上水资源非常丰富，但是其中97%是咸水、2%是冰川，而剩下的1%才是淡水。联合国和世界水理事会估计到2030年，世界一半的人口将会面临淡水资源匮乏的问题。淡水资源将是21世纪面临的一大难题。确实，一个人每天正常的饮食需要3000升来生产，一年下来也就是640立方米的水。

农业使用的淡水占全球淡水消耗总量的70%。因此，DCA的设计方案是一个全新的建筑，一个前所未有的可持续性发展项目，来应对即将到来的淡水资源问题，如图2-41、图2-42所示。

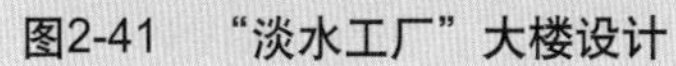

图2-41　“淡水工厂”大楼设计

图2-42　“淡水工厂”大楼设计

大厦由多个圆形水容器组成，水容器中装的是微咸水，这些水容器都安装在球形温室之中，使用潮汐能水泵，微咸水被抽入到大厦之中。水管网是大厦的主要结构部分。水容器中种植了红树林，这些植物可以在咸水中生长，并从树叶中分泌出淡水。白天，这些分泌出来的淡水迅速蒸发，到了晚上又冷凝在建筑温室的塑料墙壁上，最终流入到淡水收集箱中。由于大厦本身的高度，收集的淡水可以利用重力分散到附近地区使用。大厦的表面积为一公顷，每公顷的红树林每天能生产3万升水。也就是说，大厦每天能灌溉一公顷大的西红柿田，如图2-43、图2-44所示。

图2-43　“淡水工厂”大楼设计

图2-44　“淡水工厂”大楼水管网设计

阿尔梅里亚是西班牙南部的一个省，位于地中海海岸上。这里种植了大量的欧洲果蔬，每年日照时长为2965小时。90%的土地上都建有温室，这也是此地“塑料海”得名的由来。这里的温室覆盖了绝大部分的土地，并随山势而起伏。

DCA选择在阿尔梅里亚设计他们的研究型方案，这里的日照和干燥气候都非常符合他们的要求，但是实际上这种设计可以应用到世界各地。

这个设计是满足农业需求的一个新方案——一座能生产淡水的摩天大厦工厂。

案例摘自：园林景观网，作者改编

2．地形

大自然的鬼斧神工给地球塑造出各种各样的地貌形态，平原、高原、山地、山谷等都是自然馈赠于我们的生存基础。在这些地表形态中，人类经过长期的摸索与探索繁衍出一代又一代的文明和历史。在现代我们在建设改造我们宜居的城市时，我们关注的焦点除了将城市打造得更加美丽更加人性化以外，更重要的还在于减少对原有地貌的改变，维护其原有的生态系统，如图2-45、图2-46所示。在城市化进程迅速加快的今天，城市发展用地略显局促，在保证一定的耕地的条件下，条件较差得土地开始被征为城市建设用地。因此，在城市建设时，如何获得最大的社会、经济和生态效益是人们需要思考的问题。

图2-45　地形的不同可以为景观设计提供各种场地

图2-46　利用地形设计公路路线

3．植被

植被不但可以涵养水源，保持水土，还具有美化环境、调节气候、净化空气的功效。因此，植被是景观设计中不可缺少的素材之一。因此，无论是在城市规划、公园景观设计还是居民区设计中，绿地、植被是规划中重要的组成部分。此外，在具体的景观设计实践时，还应该考虑树形、 树种的选择，考虑速生树和慢生树的结合等因素。如图2-47所示绿地是规划方案中重要的组成部分。

图2-47　某公园景观绿化效果图

2.2.3　环境心理学

社会经济的发展让人们逐渐追求更新、更美、更细致的生活质量和全面发展的空间。人们希望在空间环境中感受到人性化的环境氛围，拥有心情舒畅的公共空间环境。同时，人的心理特征在多样性的表象之中，又蕴含着一般规律性。比如有人喜欢抄近路，当知道目的地时，人们都是倾向于选择最短的旅程。下面这则谢尔丹学院的公共空间设计案例，根据人们喜欢抄近路的习惯进行了交叉环路的设计。

[案例2-7]　谢尔丹学院的公共空间设计

这块公共绿地公园位于安大略省，米西索加，谢尔丹学院新校区中央位置，由gh3设计，融合了公共公园和学术开放区的功能，能为学生和教师们及周边市民提供丰富的户外便利设施，如图2-48～图2-52所示。小径两边有成排的山毛榉，还有小树林、教学广场、庭院、户外咖啡厅和公共广场等区域。公园里的道路布局采用了交叉环路系统，即向学院景观表达了敬意，又提供了路径选择的多重便利。公园路面上铺了渗透性良好的回收玻璃材料，与深色混凝土材料相结合，体现了公园将环保性与创新设计的结合。这个绿色公园是当地一处知名地标性建筑，深受学生和当地小团体的青睐。

图2-48　谢尔丹学院公共空间设计

图2-49　谢尔丹学院公共空间设计

图2-50　谢尔丹学院公共空间设计

图2-51　谢尔丹学院公共空间设计

图2-52　谢尔丹学院公共空间设计平面图

案例摘自：园林景观网，作者改编

另外，当在公共空间时，标识性建筑、标识牌、指示牌的位置如果明显、醒目、准确到位，那么对于方向感差的人会有一定的帮助。

人居住地的周围公共空间环境对人的心理也有一定的影响。如果公共空间环境提供给人的是所需要的环境空间，在空间体量、形状、颜色、材质视觉上感觉良好，能够有效地被人利用和欣赏，最大限度地调动人的主动性和积极性，培养良好的行为心理品质。这将对人的行为心理产生积极的作用。马克思认为："环境的改变和人的活动的一致，只能被看作是合理的理解，为革命的实践。"人在能动地适应空间环境的同时，还可以积极改造空间环境，充分发挥空间环境的有利因素，克服空间环境中的不利因素，创造一个宜于人生存和发展的舒适环境。

如果公共空间环境所提供与人的需求不适应时，会对人的行为心理产生调整改造信息。如果公共空间环境所提供与人的需求不同时，会对人的行为心理产生不文明信息。随着空间环境对人的作用时间、作用力累积到一定值时，将产生很多负面效应。比如有的公共空间环境，只考虑场景造型，凭借主观感觉设计一条"规整、美观"的步道，结果却事与愿违，生活中行走极不方便，导致人的行为心理产生不舒服的感觉。有的道路两边的绿篱断口与斑马线衔接的不合理，人走过斑马线被绿篱挡住去路。人为地造成"丁字路"通行不方便的现象，使人的行为心理产生消极作用。可见，现代公共空间环境对人的行为心理作用是不容忽视的。

在公共空间环境的项目建造处于设计阶段时，应把人这个空间环境的主体元素考虑到整个设计的过程中，空间环境内的一切设计内容都以人为主体，把人的行为需求放在第一位。这样，人的行为心理能够得以正常维护，环境也得到应有的呵护。同时避免了环境对人的行为心理产生不良作用，避免不适合、不合理环境及重修再建的现象，使城市的"会客厅"更美、更适宜人的生活。

本章小结

本章详细介绍了景观设计的应用范围及设计原则和景观设计的理论基础。景观设计应用方面没有做过多的文字介绍，抽象的文字不如以实例的形式来表现更形象化。景观设计的理论基础涉及多个方面，如没有提及的建筑学、园艺学等，本文只是选取代表性的几个方面进行论述，旨在通过一般意义上的解读让学生有心理上的宏观把握，从而做到理性地具体分析。

思考练习

1．景观设计的应用范围有哪些？

2．景观设计的原则是什么？

3．景观设计与文艺美学的关系？

4．环境心理学对景观设计的影响？

实训课题：分析一则景观设计案例。

(1) 内容：从景观设计的理论基础出发，分析选取的案例中涉及了哪些学科的知识。

(2) 要求：案例不限，以经典案例优先选择。围绕景观设计的理论基础主题，详细分析案例中应用到的学科知识。

第3章

景观设计的要素

学习要点及目标

了解景观设计的要素由哪些构成。
了解景观设计的构成要素由哪些组成。
掌握景观设计构成要素的具体作用。
能够掌握景观设计的造型要素的基本方法。

核心概念

景观设计　构成要素　造型要素

本章导读

我们日常生活中看到的景观一般意义上由地形、人、道路、水体、植物、建筑等组成。每一处景观都是由这些基本要素通过设计者的精心排列与组合呈现出来的，这也就是我们这一章所要学习的景观设计的构成要素。而构成要素又是由点、线、面等基本的美学设计要素所组成。所以通过运用造型要素来完成构成要素是景观设计必不可少的学习内容。

3.1　景观设计的构成要素

景观设计的要素包括景观素材的特点和基本知识，所有的景观都是通过景观要素来体现的。其中景观设计的要素又包括景观设计的构成要素和造型要素。构成要素组成景观的各个部分，并通过造型要素体现出来，如图3-1所示。

图3-1　景观设计中人、道路、水体、园林、建筑等构成要素

景观设计是与其他艺术形式一样，都需要遵循形式美的法则。设计者对各种造型要素的准确把握可以创作出各种经典的景观作品，为人类的艺术史增添不朽的实体美景，如图3-2所示。

图3-2　简单的线的组合会造成不一样的视觉效果，并通过线的稀疏把握光线的射入效果

3.1.1　地形地貌

地形地貌是景观设计最基本的场地和基础。人类活动都是在大地上进行，所以在景观设计整个过程中，首要考虑的因素就是土地因素。而在具体设计中，设计师了解场地环境的特点，熟悉土地的特性，发挥地形地貌的优势，往往会对设计方案产生事半功倍的效果。

这里所说的地形，是指景观绿地中地表各种起伏形状的地貌。在规则式景观中，一般表现为不同标高的地坪、层次；在自然式景观中，往往因为地形的起伏，形成平原(见图3-3)、丘陵、山峰、盆地等地貌。地形地貌总体上分为山地(见图3-4)和平原，进一步可以划分为盆地、丘陵(见图3-5)，局部可以分为凸地(见图3-6)、凹地(见图3-7)等。

景观设计时，要充分利用原有的地形地貌，考虑生态学的观点，营造符合当地生态环境的自然景观，减少对其环境的干扰和破坏。同时，可以减少土石方量的开挖，节约经济成本。因此，充分考虑应用地形特点，是安排布置好其他景观元素的基础。景观用地原有地形、地貌是影响总体规划的重要因素，要因地制宜。

图3-3　平原

图3-4　山地

图3-5　丘陵

图3-6 凸地景观设计

图3-7 凹地景观设计

03

［案例3-1］ 南非：自由公园二期

自由公园是在南非种族隔离暴动后，由总统纳尔逊·曼德拉授权的一个真相和解委员会项目。公园有四个远景想象：和解、国民建筑、人民自由和人道主义色彩。同时通过周围园林景观的规划和实施，加强其对这些远景的精神面貌和政治色彩。自由公园有一期工程和二期工程。这里所说的是二期工程，2011年竣工完成，如图3-8所示。

图3-8 南非自由公园

自由公园坐落在一座突出的小山上，俯瞰着茨瓦内，目标是成为“国内乃至国际上的、代表人权与自由的标志性建筑”。它的使命是“提供一个具有开拓性并尊重历史遗迹的建筑，令游客能反思过去、改善现在、创造未来，建立一个统一的国家”。

自由公园充分考虑到了当地的地形因素，因地制宜，营造符合当地生态环境的自然景观，如图3-9、图3-10所示。

52公顷的基地就位于比勒陀利亚市的南面，基地内有一条天然的石英岩山脊，极具生态价值，在视觉、自然和战略性方面成为城市的重要门户。

图3-9　南非自由公园

图3-10　南非自由公园

南非自由公园坐落在山地上，利用较高的地理优势，可以欣赏到蔚蓝的天空美景，体会到与平地景观不一样的景致。

博物馆的内部空间设计具有洞穴般的品质，自然光的运用使大型体内更具戏剧性效果，并加强了建筑“露出地面”的感觉，如图3-11所示。

图3-11　南非自由公园

案例摘自：景观设计网，作者改编

3.1.2　人

图3-12　人在景观设计中的使用价值的体现

景观设计的最终目的是为人类服务，人类是世界的主体，是景观设计的创作者和使用者。景观设计观念得以拓展的重要一面就是完善人的生命意义，使人类的生存和发展更和谐。所以，景观设计的构成要素中的人物素材除了更加丰富设计效果以外，更重要的是设计中处处体现出对人的关注和尊重，是期望的环境行为模式获得使用者的认同，同时也是呼应现代人性意义，对人类生活空间与大自然的融合表示更多的支持，如图3-12～图3-14所示。

图3-13　景观设计中的人物素材

图3-14　小区中的儿童自娱自乐

[案例3-2]　　墨尔本Box Hill运动公园景观设计(ASPECT Studios)

澳大利亚墨尔本Box Hill运动公园历史悠久，墨尔本市委托ASPECT Studios将其设计成为多样休闲娱乐活动的花园，创造了一个新的公共空间。

该项目作为社区公共绿色空间和多种体育娱乐活动的场地，以人的需求与舒适方便为最终目的，利用充满活力的图形，重新定义了游乐区和日益增长的社区需求，成为一个标志性而又活泼的地点。在未来，将会增建1公里长的步道和跑道。这条路径将会环绕花园，起点和终点连接，成为新的多用途场地，如图3-15～图3-17所示。

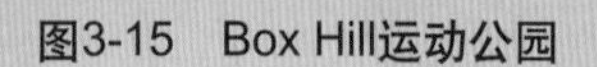

图3-15　Box Hill运动公园

图3-16　Box Hill运动公园

图3-17　Box Hill运动公园

案例摘自：景观设计网，作者改编

3.1.3　道路

道路是景观设计的构成要素之一。这里所说的道路，是指景观绿地中的道路、广场、公园景区道路等各种铺装地坪，它是景观中的网络骨架。景观道路的规划布置，往往反映不同的景观风貌和风格。例如我国的古典园林，婉转曲折，峰回路转，讲究意境之美，有一首古诗形容的好：曲径通幽处，禅房花木深；而西欧的园林道路，多采用平面几何形状，如图3-18、图3-19所示。

图3-18　中国道路讲究蜿蜒曲折

图3-19　法国凡尔赛宫花园道路讲究几何图案

城市道路的作用一般为组织交通、运输，为行人提供方便，景观道路与城市道路的不同之处在于除了以上城市道路的作用之外，还有可以组织游览路线、提供休息地面。地面的铺装、造型、色彩等本身也是景观的一部分，如图3-20所示。当人们在行走的途中还可以沿路观景，休息赏玩。

一般景观道路分为四种。第一种是主要道路，贯通整个景观区域，除了必要的通行外还要考虑生产、救护、消防、游览等车辆的顺利通行，宽7～8米，如图3-21所示。

图3-20　景观道路

图3-21　景观道路中的主要道路

第二种为次要道路，主要用来沟通景观区域内各建筑、公共设施，通轻型车辆及人力车。宽3～4米，如图3-22所示。

第三种为林荫道路(见图3-23)、滨江道路(见图3-24)和各种广场道路(见图3-25)。

图3-22　景观道路中的次要道路

图3-23　林荫道路

图3-24　滨江道路

图3-25　广场道路

第四种为休闲小径(见图3-26)、健康步道(见图3-27)。双人行走1.2～1.5米，单人行走0.6～1.0米。健康步道是近年来非常流行的一种足底按摩健身方式。通过在鹅卵石上行走可以按摩足底穴位，既达到健康的目的，同时又不失为一个好的景观。

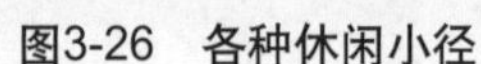

图3-26　各种休闲小径

图3-27　健康步道

[案例3−3]　　Jon Piasecki的石头河

Jon Piasecki 的“石头河”作品荣获了2011年ASLA的荣誉奖。这个作品的神奇之处在于它的细节。这个项目是作为一件景观艺术作品而设计和建造的。设计基本上来自场地本身的灵感，来自设计师多年的林间作业和连接石材的实践，同时还来自设计师独立的对石材作业的研究，如图3-28～图3-30所示。正如Jon Piasecki所说：“按照这个思路，我尽最大的努力把石头连接起来努力拼接这条路，以提供给参观者感受自然界多种感官刺激的融合的体验。这个作品的目的是连接文化和自然。这条路的设计提供了一种思考人类与世界达成和谐的可持续发展的途径。这个作品的目的是使参观者在通过树林时与自然融为一体。我希望使这些参观者感受到生命，感受到自己和自然是不可分割的整体。”

图3-28　Jon Piasecki 的“石头河”

图3-29　Jon Piasecki 的“石头河”

图3-30　Jon Piasecki 的“石头河”

案例摘自：景观设计网，作者改编

3.1.4 水体

水体设计是造园最主要因素之一。不论哪一种类型的景观，水是最富有生气的因素，无水不活。一个景观如果少了水，那么便会少了生机与活力。水体设计也是景观设计中的重点和难点。水的形态多样，千变万化，把握好水的特性，才能将水的特色融入到景观环境中去，如图3-31所示。本节从水体的分类及水体造景的规律方法与原则来讲解。

图3-31　景观水景与周围其他要素相互映衬，景观显得更加生动灵活

1. 水体的分类

景观设计大体将水体分为静态水和动态水。静有安详，动有灵性。自然式景观以表现静态的水景为主，以表现水面平静如波或烟波浩渺的寂静深远之意。在宁静的世界中捕捉心灵的安宁，令人徜徉在静谧的环境中体会水波的平静带来的惬意之感。人们或观赏山水景物在水中的倒影，或观赏水中怡然自得的游鱼，或观赏水中静卧的睡莲，或观赏水中皎洁的明月……自然式景观也表现水的动态美，但不是人工喷泉和规则式的台阶瀑布，而是自然式的瀑布，如图3-32、图3-33所示。

图3-32　自然式景观中的静态水

图3-33　自然式瀑布——九寨沟瀑布

动态的水一般指人工景观中的喷泉、瀑布、活水公园等，如图3-34所示。自然状态下的水体和人工状态下的水体，起侧面、底面是不一样的。自然状态下的水体，如自然界的湖泊、池塘、溪流等，其边坡、底面均是天然形成。人工状态下的水体，如喷水池、游泳池等，其侧面、底面均是人工构筑物。

图3-34　凡尔赛喷泉

日内瓦湖的大喷泉是世界上最大的喷泉之一：每秒喷出约132加仑(396升)的水，并且达到了456英尺(136米)的高度，如图3-35所示。

图3-35　瑞士日内瓦大喷泉

2. 水体造景的基本规律

水体造景的基本规律是体现水体造景的特点，能够发挥出水体造景的景观优势。水体造景有以下几点规律需要把握：

- 把握合理的尺度和形态。
- 注意驳岸和边界的处理。
- 灵活运用各种水景类型。
- “曲则生情”的情感因素。
- 贯彻生态理念节约水资源。
- 水体造景的方法与原则。

[案例3-4]　德国：波茨坦广场水景设计

标志性的波茨坦广场承载着东、西柏林分裂而遗留的历史创伤。如薄沙般浅浅的流动台阶在微风拂动下，形成波光粼粼的韵律表面，为人们提供更多的亲水、戏水乐趣，如图3-36～图3-40所示。此城市水景设计使得波茨坦广场成为柏林著名的游览场所之一。

这一城市水景设计之中蕴含的理念为，雨水在降落之地即应被就地使用。在波茨坦广场，绿化屋顶和非绿化屋顶的结合设计可以获取全年降雨量。雨水从建筑屋顶流下，作为冲厕、灌溉和消防用水。过量的雨水则可以流入户外水景的水池和水渠之中，为城市生活增色添彩。

植被净化群落融入到整个景观设计之中用以过滤和循环流经街道和步道的水质、水体，而无任何化学净水制剂的使用。湖水水质很好，为动植物创造了一个自然的栖息场所。同时，由于净化雨水的再利用，也使得建筑内部净水使用量得以减少。

自1998年建成之后，波茨坦广场已经成为一个开放空间重获生机的成功案例。在这里，城市生活、杰出的建筑创作和魅力的水景实现了和谐统一。

图3-36 波茨坦广场水景设计

图3-37 波茨坦广场水景设计

图3-38 波茨坦广场水景设计

图3-39 波茨坦广场水景设计

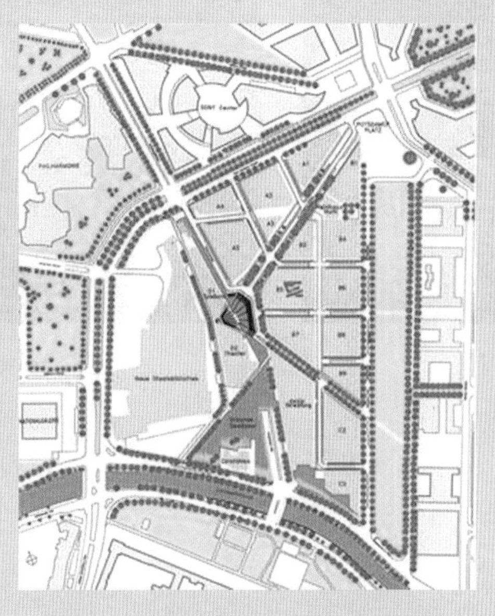

图3-40 波茨坦广场水景设计总平面图

案例摘自：景观设计网，作者改编

03

3．水体造景的方法与原则

1)宁大勿小

宁大勿小指的是在设计水体时，多考虑设计小的水体，小的水体更能凸显水的特质，便于更好的养护。大的水体相对会给人漫无边际、毫无趣味的感觉。大、小水体景观如图3-41、图3-42所示。

图3-41　大面积水体景观

图3-42　小面积水景

2)多曲少直

大自然中的河流湖泊大都是蜿蜒曲折的，这样的水景更容易形成变幻的效果，更容易将水的运动规律与特点表现出来。曲、直水景如图3-43、图3-44所示。

图3-43　弯曲水景

图3-44　笔直水景

3)优虚劣实

在水资源缺乏的地区，虚的水景也是一个很好的解决办法，如图3-45所示。

图3-45 虚水

3.1.5 景观建筑

景观建筑是指除房屋建筑以外的供观赏休憩的各种构筑物，如花架、亭子(见图3-46)、走廊、平台、假山水池、喷泉水景、草坪、栅栏等，这是景观建筑的广义定义。狭义定义为精神功能超越物质功能，且能装点环境、愉悦人们心灵的构筑物，如图3-47、图3-48所示。一般意义上的建筑小品雕塑(见图3-49)、壁画、亭台楼阁、牌坊等也属于景观建筑的范畴。

图3-46 供观赏休憩的亭子

图3-47 世界著名景观建筑——埃菲尔铁塔

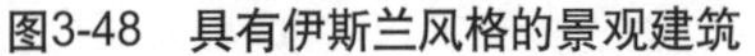

图3-48 具有伊斯兰风格的景观建筑

图3-49 景观建筑小品——雕塑

［案例3—5］ 美国："滑板碎片"幕墙

"滑板碎片"幕墙亮相2013年美国现代艺术博物馆音乐节，并成为最大的关注对象。整面幕墙都是由滑板木片残余构成，如图3-50～图3-53所示。呈空隙状分布的幕墙非常适合音乐节这样的灵动性场所，因为这里聚集着大量的流动游客，这里通常会设有可拆卸的木质桌椅。这里已经为行人提供遮荫避暑的小型广场。

图3-50 美国："滑板碎片"幕墙

图3-51 美国："滑板碎片"幕墙

图3-52 美国："滑板碎片"幕墙

图3-53 美国："滑板碎片"幕墙

设计师充分发挥他们的奇思妙想，并就地取材进行设计。而正是这样的设计再一次向世人证明了：任何看似不可能的用材在一个富有创新性建筑师的笔下，都可以成为旷世之作的源泉和灵感。巨大的幕墙下面还设有喷泉池，巨大的泉水穿过幕墙的空隙洒落在人们的身上，增添了一份假日的活跃，如图3-54、图3-55所示。

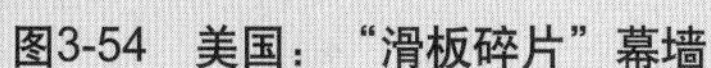

图3-54　美国："滑板碎片"幕墙

图3-55　美国："滑板碎片"幕墙

案例摘自：景观设计网，作者改编

3.1.6　植物

植物是绿色环境的塑造者，是景观设计中必不可少的要素之一。景观设计中的素材包括草坪、灌木、大小乔木等。巧妙合理地利用植被不仅可以成功营造出人们熟悉喜欢的各种空间，美化周围环境，还可以改善局部的气候土壤，使人们更加舒适愉悦地完成各种社会活动。

植被的功能包括视觉功能和非视觉功能。非视觉功能指植被调节气候、改善环境、保护物种的功能；植被的视觉功能指植被在审美上的功能，能使人心情舒畅，让感受植物的美学特征。通过视觉功能可以实现空间分割、形成构筑物、景观装饰等功能，如图3-56所示。

图3-56　植物的空间造型功能

Gary O. Robinette在其著作《植物、人和环境品质》中将植被的功能分为四大方面：建筑功能、工程功能、调节气候功能、美学功能。

(1)建筑功能：界定空间、遮景、提供私密性空间和创造系列景观等，简言之，即空间造型功能，如图3-58～图3-60所示。

(2)工程功能：防止眩光、防止水土流失(见图3-57)、噪音及交通视线诱导。

图3-57　植物的防止水土流失功能

图3-58　开放性，视线完全通透

图3-59　半开放性，视线部分通透

图3-60　封闭性，视线通透度最小

(3)调节气候功能：遮荫、防风、调节温度和影响雨水的汇流等，如图3-61所示。

(4)美学功能：强调主景、框景及美化其他设计元素，使其作为景观焦点或背景；另外，利用植被的色彩差别、质地等特点还可以形成小范围的特色，以提高景观的识别性，使景观更加人性化，如图3-62所示。

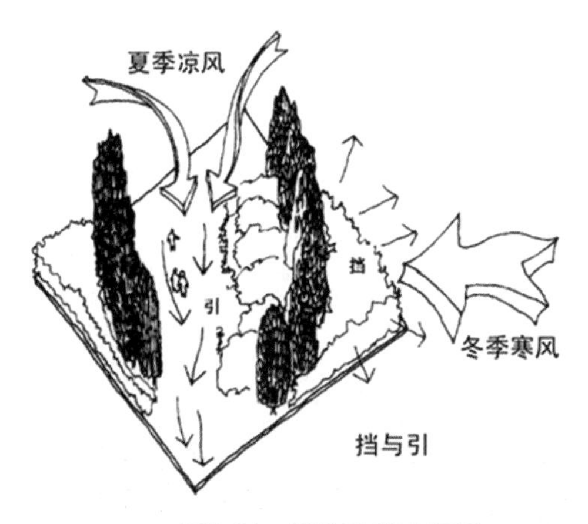

图3-61　植物改善小气候

图3-62　植物具有美学功能

［案例3－6］　　美国：Sunnylands中心花园

这个15英亩的Sunnylands中心及花园是Walter Annenberg大使及其夫人Lenore的沙漠休养寓所的扩展项目。项目充分纳入四周山地美景，Sunnylands中心围绕着一座已获得绿色认证的建筑进行规划。整座建筑占地15 000平方英尺，可供导游带领游客参观此处，可举办教育展览，有接待区、咖啡馆、展览区、影院以及一间礼品店。OJB的景观设计处处迎合索诺兰沙漠的气候特点，为游客提供了一次精心打造的花园体验，如图3-63、图3-64所示。正如2012年美国景色美化设计师协会专业奖项陪审团对它的评价："全植物化的设计，非常壮观，为荒凉的沙漠增添了色彩和活力，给我们展示了植物的真正魅力。"

图3-63　美国：Sunnylands中心花园

图3-64　美国：Sunnylands中心花园

案例摘自：景观设计网，作者改编

3.2　景观设计的造型要素

在景观设计的形态中，点、线、面等是基本元素。一个好的景观设计离不开对点、线、面基本美学原则的掌握和运用。点、线、面、色彩等是景观设计中最基础的造型要素。景观设计想要有所突破与创新，就应该从点线面等基本元素入手，探索与研究它们在景观设计中的应用，打好基础，夯实基础，才能在景观设计中游刃有余，创作出满足人们需求的景观作品。如上节讲到的美国Sunnylands中心花园就是从点、线、面、色彩、质感等方面来设计造型的，如图3-65所示。

图3-65　美国Sunnylands中心花园

3.2.1　点

点是塑造形象的基本造型要素，不管它的大小、厚度、形状怎样，同周围其他形态相比，点具有凝聚实现和表达空间位置的特性，是最小的视觉单位。点的形态虽小，却有着旺盛的生命力。点的连接可以产生不同效果的线。当点的形状按照一定的规律进行变化，就会产生连续性的韵律感，如图3-66、图3-67所示。

图3-66　Invasion Verde(绿色入侵利马街头)

Invasion Verde的字面意思是绿色入侵，装点了秘鲁利马市的几条中心街道。那里以前甚至连种植几棵树都是不可能，不久前却有了一整片绿化面积。Genaro Alva、Denise Ampuero、Gloria Andrea Rojas 和工业设计师Claudia Ampuero组成的团队运用点这个基本元素将利马这个狭小的城市装点出了与众不同的绿色生机。

景观设计中，点的形态是非常多的，如一个花坛、一个水池、一个亭子都可能成为平面或空间中的一个点，再如一个大的空间的尽头、草坪中的一棵树、建筑外立面的窗户等都是以点的形式出现的，如图3-67、图3-68所示。

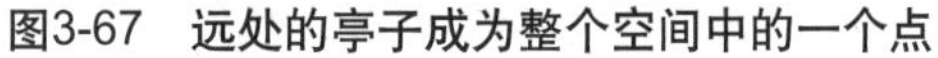

图3-67　远处的亭子成为整个空间中的一个点

图3-68　水面上的石头成为空间中的点

[案例3-7]　　加州本特利学院小品景观设计

SWA为本特利学院这所私立学校的扩建与重建工作进行了总体规划与景观设计。该扩建项目包括10 000m²的一系列新设施的兴建，如小型剧院、新的行政楼和图书馆、计算机/多媒体中心、艺术与音乐大楼、体育馆以及新的操场。停车场也扩建了一倍，而校园空地被发展成了一个户外的艺术实验与指导场所，并且还增设了新的空间以举行毕业典礼等庆祝活动。

校园设计的一大特色是作为整体景观一部分的座位雕塑，这是为学校专门设计的，如图3-69～图3-71所示。它是一排独具特色的座位墙，座位的排列体现了一种社会融合性。周围栽种了高大的本地橡树，提供了大量的阴凉。原有的大楼也利用现代节能技术重新进行了改造。

图3-69　加州本特利学院座位雕塑设计

图3-70　加州本特利学院座位雕塑设计

图3-71　加州本特利学院座位雕塑设计

案例摘自：景观设计网，作者改编

3.2.2　线

线是点运动的轨迹，点不改变方向的移动就会形成直线，而不断改变方向的移动就会形成曲线。由于构成视觉形象的点有大小和形状，因此所感知到的线也就有宽度，或粗或细。

线的表现形式有很多，直线和曲线均能呈现轻快、跳跃、欢畅、运动的视觉感受，线材立体的集聚排列来产生层面感、秩序感和空间感。线具有强烈的表现力，它能决定形态的方向，也可以形成形态的骨架。在景观设计中，对线的应用，应该是根据实际需要对线的长短，是否需要弯曲及弯曲的角度程度等进行选择，如图3-72、图3-73所示。

图3-72　利用线的弯曲设计的景观小品

图3-73　线性结构的建筑物

[案例3-8]　chris burden：坠落的钢架

一台工程起重机将100根当地的工字钢梁从45米的高空扔到3米深的塑性混凝土上，而这一过程就是chris burden创作的新项目beam drop——一个位于inhotim巴西当代艺术中心的特定场域装置作品，如图3-74～图3-78所示。

工字钢随机地掉落在地上，在艺术家的控制和偶然因素的影响下，构成了一个抽象的形态。钢梁与地面猛烈的撞击声与宽广、宁静的自然环境并置。最终，beam drop展示了一个剧烈的、从地面上凸起的垂直装置物，并将它转化成一件雕塑艺术品，并将观看者包围在这些刚性构架中。

这些或粗或细的钢梁正是运用了线的随机排列组成的景观艺术作品，钢梁长短不一，粗细不均，集聚排列在一起却不会让人觉得突兀与不协调。相反，正是这些不均匀的线条才显示出钢梁的刚性之美，看似固定的钢梁也生出了运动中柔美的一面，好像互相争抢的不同个体，把线条的特性展现得淋漓尽致。

图3-74　chris burden：坠落的钢架

图3-75　chris burden：坠落的钢架

图3-76　chris burden：坠落的钢架

图3-77　chris burden：坠落的钢架

图3-78　chris burden：坠落的钢架

案例摘自：景观设计网，作者改编

3.2.3　面

面是体的外表，是点与线的集合体。面的运用可以产生一种整体感。不同质感、肌理的面给人的感受不同。自然形成的面具有天然的美感，在许多自然式景观中经常可以见到。人工组合的面也会带给人视觉上的美感，如图3-79所示。在面的运用中，应该注意面与面之间的大小对比关系以及面的形态对比关系。在景观设计中，主要考虑各种形态面的组合及面与面的分割所构成的新的面或体的视觉效果。

Panhandle户外舞台是利用回收材料搭建而成的，钢铁、木头、塑料、电子废件等废弃物品经过设计师的手，不仅呈现出色彩斑斓的不同立面效果，更让设计作品融合到我们当下严峻的生态环境中来，外表虽然怪异却不失美感，如图3-80、图3-81所示。Panhandle户外舞台为我们提供了一种新型的环保设计方案。

图3-79　草坪的有机排列给人一种整齐的秩序感

图3-80　加利福利亚州旧金山Panhandle户外舞台

图3-81 加利福利亚州旧金山Panhandle户外舞台

[案例3-9] 阿根廷：entrecielos公共浴池和spa

“entrecielos公共浴池和spa”位于阿根廷门多萨市郊，一处拥有大片白杨树、果树林，葡萄园和安第斯山美景的地块上。

浴池想将这种宁静的氛围扩展到客人身上，让他们的身心都得到净化。建筑由阿根廷建筑事务所A4 estudio设计，设计的初衷是让人们逃离汽车等代步工具，因为客人们必须步行穿过一条两侧种满葡萄的小径，不知不觉的，让客人远离杂乱喧嚣的世界。

简洁而有力的几何造型定义了这座钢筋混凝土建筑，上面还印有混凝土浇筑模板的痕迹。昏暗的冥想空间中设有一个圆环形通道，可以服务所有集中在建筑中心区域的功能空间。

浴池室内几乎没有任何装饰，让纯粹的材料和间接的几何形空间来定义各个房间的个性。

浴池对面的造型把握得非常到位，简单的切割划分形成了一个个独立的室内空间，不同立面的环境下，客人将身心融入其中，浴池的功用也发挥到了最大功能，如图3-82～图3-88所示。

图3-82 浴池外部明显的几何造型，突出面的立体感

图3-83 浴池外部明显的几何造型，突出面的立体感

图3-84　entrecielos公共浴池和spa外部环境

图3-85　entrecielos公共浴池和spa内部环境

图3-86　几何造型表现出浴池的简洁与干净

图3-87　不同造型的几何立面表现出不一样的视觉效果

图3-88　几何造型表现出spa环境的简洁与干净

案例摘自：景观设计网，作者改编

3.2.4　色彩

世界是五彩缤纷的，人类生存的每一个空间都充满着绚丽的色彩。色彩点缀生活，点亮心灵，给人一种美的享受，也是社会发展和精神文明的一种体现。因此色彩对景观设计也有着相当大的作用。

色彩作用于人的眼睛，人们不仅会产生对各种颜色的感受，还会产生情绪和其他一些心理效应。正是这种色彩心理效应，我们把颜色分为冷暖两大色系。红、橙、黄等称为暖色；青、蓝等颜色称为冷色。暖色给人以阳光、温暖、热情的感觉；冷色则让人觉得寒冷、阴凉、神秘。

暖色系的色彩中，波长较长，色彩感觉比较跳跃，是一般景观设计中比较常用的色彩。在景观设计中多用于一些庆典场面，如广场花坛、庭院花坛等，如图3-89、图3-90所示。

图3-89　广场花坛

图3-90　广场花坛

冷色光波长较短，可见度低，在视觉上有退远的感觉。在景观设计中，对一些空间较小的环境边缘，可采用冷色或倾向于冷色的植物，能增加空间的深远感。在面积上冷色有收缩感，同等面积的色块，在视觉上冷色比暖色面积感觉要小。冷色给人以冷静和庄严感。如图3-91所示，南京中山陵的建筑屋面以蓝色为主，远看蓝色与白色构成的建筑，配以两边深绿色的雪松，给人一种可敬的肃穆感。

图3-91　南京中山陵

另外，在许多游乐场和幼儿园建筑中，我们也会经常见到以色彩为主要造型要素的案例。幼儿园和游乐场多采用暖色为主，冷色为辅的搭配方式，突出欢乐、健康、阳光的主体。还有运动公园、娱乐设施、景观建筑等也会采用色彩的造型要素进行设计。

[案例3-10]　Randic turato：克罗地亚Krk岛dvKF幼儿园设计

dvKF幼儿园位于小镇的东北边，在旅游公寓和购物中心之间。幼儿园是一个封闭的空间，周围由石制的墙壁围成，内部是房屋和花园组成的空间，如图3-92、图3-93所示。

一层是年龄较小孩子的活动室，这些活动室都同操场相连。幼儿园的各个区域由大厅——Kale界定，Kale是当地对于具有达尔马提亚镇历史中心特点的小街道的叫法。东面和西面的入口是供孩子们使用的，北面和南面的大门是供职员、客人和服务人员进出的。幼儿园中心有一个小型的Pizza广场，这里是举办各种活动的地方。

dvKF幼儿园充分考虑到孩子的心理特点，无论外观还是内部装修全部以鲜明的色彩为主体，除了儿童场所应具备的所有设施外，还注重了不同环境颜色的搭配效果，如图3-94所示。

图3-92　俯瞰dvKF幼儿园，屋顶采用不同颜色呈块状组成

图3-93　俯瞰dvKF幼儿园，屋顶采用不同颜色呈块状组成

图3-94　dvKF幼儿园内部色彩搭配

案例摘自：景观设计网，作者改编

许多景观小品和景观建筑中多采用明亮的颜色以增加设施的辨识度，例如电话亭、垃圾箱、雕塑等。

[案例3-11]　　荷兰：Abondantus Gigantus临时亭

这座位于荷兰恩斯赫德市公共空间内的临时亭子是专为Grenswerk艺术节设计完成的。亭子名为Abondantus Gigantus，它是人们聚会、表演和展示作品的空间。亭子由LOOS.FM于2011年建造完成，使用所谓的“乐高木块”搭建而成：搭建亭子使用的混凝土砖块与著名的乐高积木非常相似，如图3-95、图3-96所示。砖块虽没有固定的形状，但却有着无与伦比的工艺美感。

图3-95　荷兰：Abondantus Gigantus临时亭

图3-96　荷兰：Abondantus Gigantus临时亭

这些砖块很容易让人联想到玩具尺寸大小的乐高积木。这些砖块相互结合，构成金字塔的形状。虽然砖块的功能非常强大，但设计师没有对它们潜在的功用进行挖掘。

由于搭建亭子所使用砖块的怪异性，亭子的外观呈现出连续不断的变化。它对日光、阳光与人造光的反射和吸收营造出不同的空间感觉，给人带来非凡的体验。由于材料的特殊性，设计师向人们展示了这些砖块的易操作性。材料完全可以重新使用，整座临时的亭子也是完全可以拆除的。

亭子沿用乐高积木丰富的色彩，搭建了一座五彩缤纷的景观建筑，给人以愉悦的视觉享受，如图3-97所示。

案例摘自：景观设计网，作者改编

03

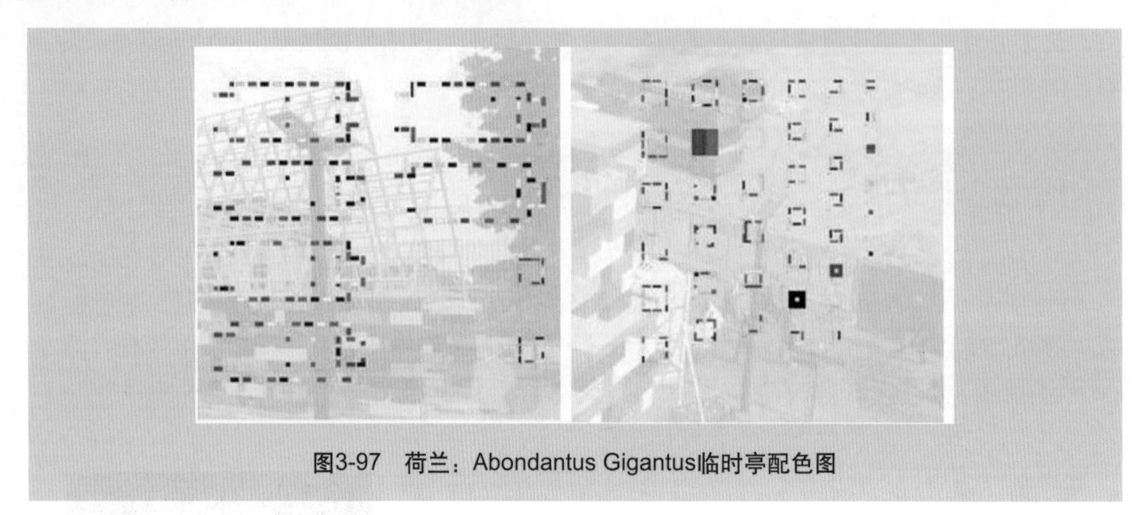

图3-97　荷兰：Abondantus Gigantus临时亭配色图

3.2.5　质地

景观按照构建要素可以分为软性景观和硬质景观。有生命的，即绿色植物，习惯上称为软性景观；无生命的材料构成的建筑、构筑物、铺地等，称为硬质景观。软性景观给我们直观的感受，它的质地、色彩等在此不再深究。硬质景观是一切硬质景观工程的物质基础，它从材质上分为木材、竹材和石材。不同的材质，质地不同，给我们的感受也不同。

1．木材

木材质地细腻、质朴。中国的古典园林建筑多用木材作为主要材料。木材材质自然，防腐木材具有环保、安全的功能。通过精心设计，利用木材构筑的景观效果气质上大都与众不同，典雅大气，如图3-98所示。如北京故宫的房屋构建，选用上好木材设计而成，是我国标志性的木质建筑，如图3-99所示。

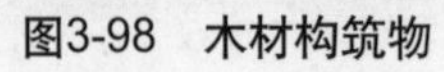

图3-98　木材构筑物

图3-99　故宫

木材经过炭化技术处理，使木材表面具有一层很薄的炭化层，这种木材称为炭化木，也叫作工艺炭化木、炭烧木。经过炭化处理的炭烧木可以突显表面凹凸的木纹，产生立体效果，如图3-100、图3-101所示。

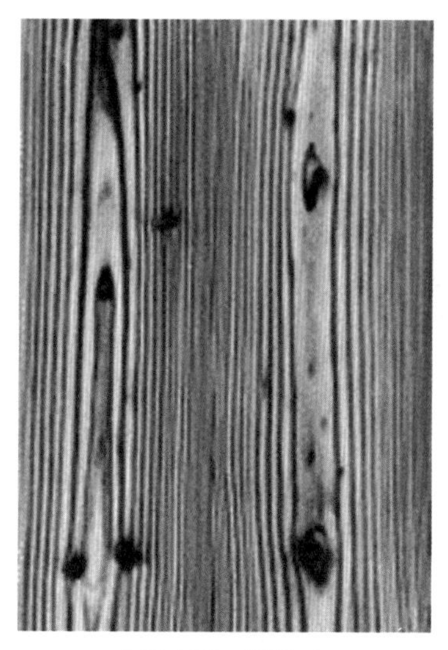

图3-100　炭化木

图3-101　炭化木构筑物

2．竹材

竹子素有坚韧之名，竹子构筑物特有的清雅风趣是石头制品无法取代的。竹建筑及小品是景观建筑中具有独特风格的成员，如图3-102、图3-103所示。

图3-102　竹子建造的房屋

图3-103　竹亭

3．石材

石材根据不同质地可以分为天然石材和合成石材。天然石材分为花岗岩、大理石、砂岩、板岩、卵石、料石等。合成石材分为砖、水磨石和混凝土。天然石材纹理自然、质感稳重、耐久性好，如图3-104～图3-108所示。人造石材相对不如天然石材自然。

大理石颜色绚丽，纹理多姿，纯的大理石为白色(我国称为汉白玉)，硬度中等，耐磨性、耐久性次于花岗岩，耐酸性差，容易打磨抛光。

天然大理石板材为高级饰面材料，适用于纪念性建筑、大型公共建筑的室内墙面、柱面、地面、楼梯踏步等，如图3-109所示。

图3-104　花岗岩硬度较高，耐磨，广泛应用于道路、广场、小品等

图3-105　冰裂纹石板，板岩的一种

图3-106　青石板岩

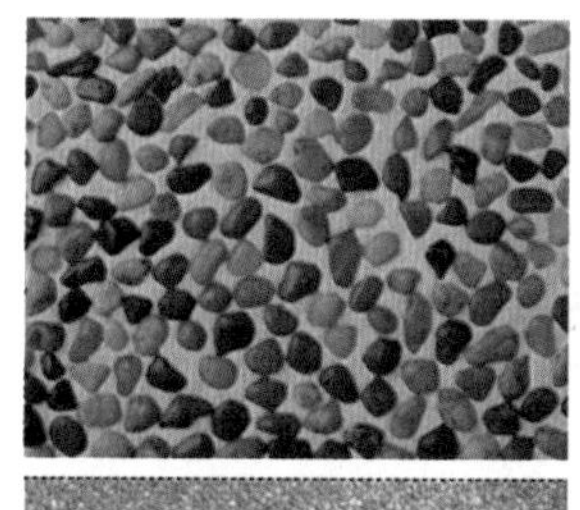
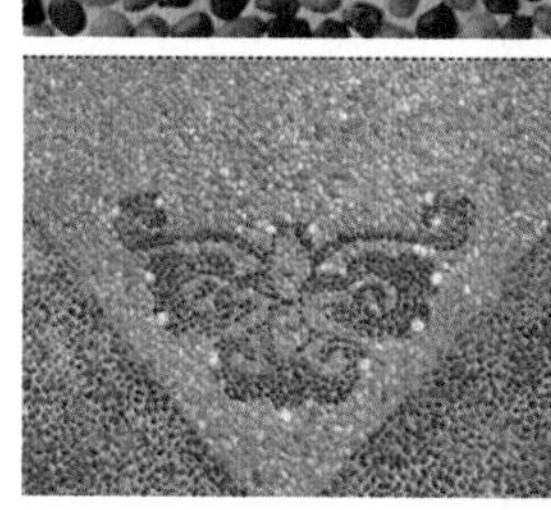

图3-107 鹅软石，质地光滑

图3-108 料石

图3-109 大理石

合成砖材砖质感更细腻、色泽更均匀，线条流畅、能耐高温高寒、耐腐蚀，返璞归真不褪色，不仅具有自然美，更具有浓厚的文化气息和时代感，如图3-110、图3-111所示。

图3-110 混凝土砖

图3-111 粘土砖

水磨石是一种以水泥为主要原材料的一种复合地材料，其低廉的造价和良好的使用性能，在超大面积公共建筑里广泛地采用，如图3-112所示。

图3-112 水磨石，质地光亮

[案例3-12] 一组西方新型园路设计及材料运用

从设计的角度来说，小型人行道或直或曲，设计自由度相对较大，并且有多种施工材料可供选择。我们欣赏一组西方优秀的小型行道设计案例，并分享一些设计思路。

图3-113是一个兼具了美观性与耐用性的设计。从街道赋予的心理感受上来说，一条曲径通幽的曲线路比一条功利主义的直线路径更能给人带来好感。石板人行道可注入一些色彩丰富的景观元素设计，色彩能够让坚硬的石材看起来更加美妙。

图3-114这种摊铺式混凝土人行道，从成本上来看是一种相对经济的选择。不仅如此，还能提供人行道一种水平面上舒适的行走感受，尤其适合人车混行的需要——毕竟当你需要从车上卸载一堆杂货到门口时，谁都不希望走上一条蜿蜒的小路，无论那条小路有多美。

图3-113 彩色石板人行道

图3-114 混凝土人行道

图3-115这种设计手法非常经典，色彩缤纷的播种面与素朴简约的装饰花岗岩恰到好处地混搭，很出彩。

除了砖块、石板及鹅卵石等材料，非砌体路径也是一种选择，如图3-116所示。很多石材产品可用于这种行道设计，只是选用了经粉碎处理的细砾、风化花岗岩或石粉。同样，树皮覆盖也是一种选择，只是耐用性要差一些，需要定期更换。

图3-115　花岗岩人行道

图3-116　非砌体走道

案例摘自：景观设计网，作者改编

本章小结

景观设计恰如一个人体由头、躯干、四肢等部分组成，各有特点又和谐完整，缺一不可。景观设计中的各个构成要素正是人体的各个部分。需要我们对每一部分都要清晰准确地把握。

景观设计的造型要素又是构成要素的基础，只有熟练掌握基本的造型知识，才能将各个部分完美地组合在一起。上述章节内容详细地分析了构成要素与造型要素的知识点。通过学习，我们应该熟练地掌握专业基础知识各自的特点，为景观设计的内容构成提供有力的专业技术支持，并为景观设计的完整性和综合性打下坚实的专业基础。

思考练习

1. 景观设计各个构成要素之间的关系是怎样的？
2. 植物在景观设计构成要素上起到什么样的作用？
3. 色彩在景观设计造型上的作用是什么？
4. 怎样熟练运用景观设计的造型要素？

实训课题：设计一组以色彩为主体的景观建筑或景观小品效果图。

(1) 内容：以色彩为基点，景观其他构成要素为辅，设计一组景观小品。

(2) 要求：材质不限、大小不限，围绕色彩主题，设计小品景观或景观建筑效果图。

第4章

景观设计的方法

学习要点及目标

熟悉掌握景观设计的流程。
了解景观方案的设计。
掌握景观设计的艺术手法。
能够准确理解景观设计艺术手法之间的相互联系。

核心概念

景观设计流程　景观方案设计　景观设计艺术手法

本章导读

日常生活中我们看到的所有景观现象并不是只要有一张简单的图纸就能搞定的，景观设计的流程复杂而具专业性，需要多个部门的配合和协调。掌握景观设计的流程，对于一个好的景观作品的诞生是必不可少的。同时，在景观设计的环节中，运用具体的景观设计的艺术手法，将景观设计各个要素之间融洽地组合在一起，需要了解足够的专业知识和专业技能。本章节从景观设计的流程和艺术手法入手，来阐述景观设计中需要掌握的知识要点。

4.1　景观设计流程

景观设计的过程是多项工程配合相互协调的综合设计的过程，需要考虑建筑、市政、园林、交通、水电、环境等各个领域。各种法则法规和工程顺序都需要清晰把握，明确各环节的要点和难点，才能在具体的设计中运用好各种景观设计要素，安排好项目中每一块地的用途和使用程度，设计出符合土地使用性质，符合当地生态环境，满足客户需要的合适方案。

所以，只有熟悉景观设计的流程，才能在景观设计的过程中做到游刃有余。一个出色的景观设计大师首先必须对流程有一个清晰的认识，对各个环节能出现的问题做到充分的预估，并做好解决措施，才会在景观设计的道路上越走越远，设计出人们真正认可和喜欢的景观作品。

4.1.1　景观设计流程概述

景观设计的流程是一个由理性的客观思考到感性的艺术思考，最后再到理性的客观分析的过程，即构思。这是景观设计的最初阶段，也是景观设计中最重要的部分。景观规划设计必须要经过这样的思维方式，才能在整体上把握所设计的内容。景观设计涉及众多领域，包括城市设计、花园设计、交通规划、公园和游憩规划、小院规划设计、景观改造和修复、遗产保护及其他特殊用途区域等。无论是关于土地的合理利用，土地的生态修复，还是一个狭义的景观设计方案，构思都是十分重要的。

构思首先考虑的是满足其使用功能，充分为地块的使用者创造、安排出满意的空间场所，又要考虑不破坏当地的生态环境，尽量减少项目对周围生态环境的干扰。然后，采用构图以及下节将要提及的各种手法进行具体的方案设计。

有了清晰的构思以后，我们就可以开始景观设计的步骤了。景观设计的流程一般意义上可以划分为三个大步骤：前期方案设计、方案扩初设计、施工图设计，如图4-1所示。

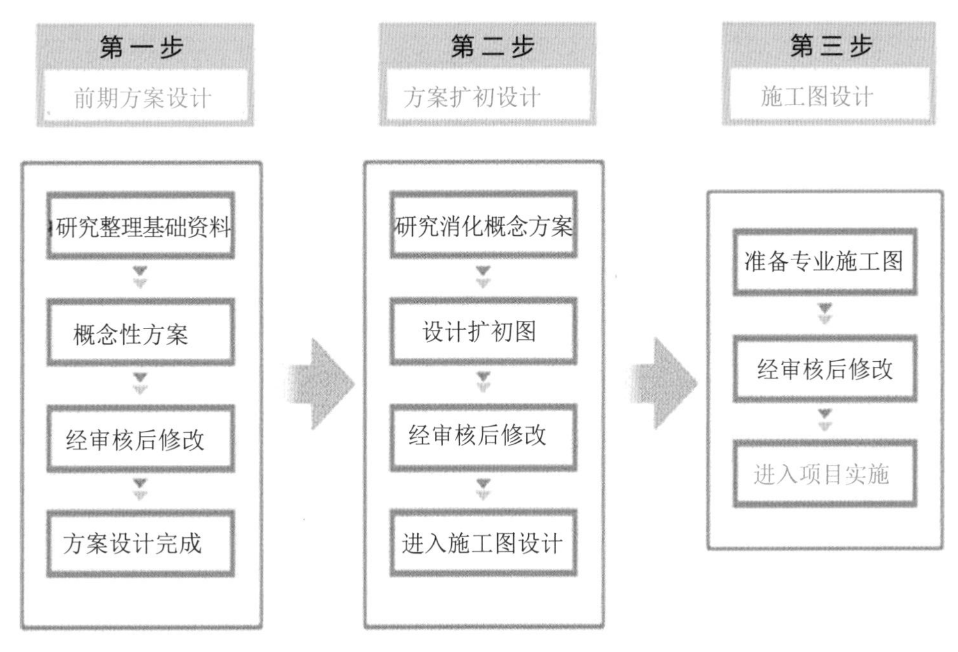

图4-1　景观设计的流程

图4-1是宏观的流程图，具体的步骤如图4-2所示。

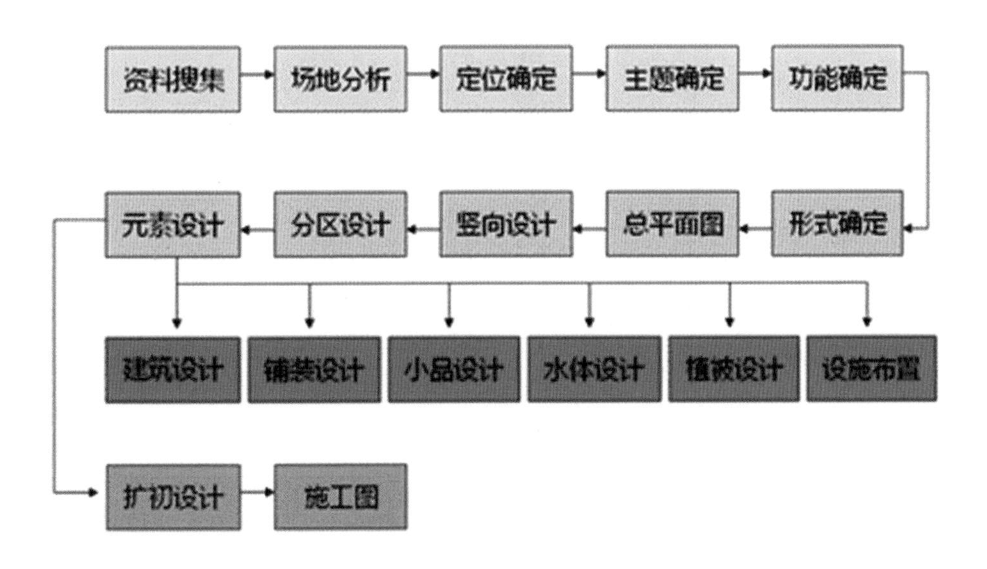

图4-2　景观设计的具体步骤

规划、建筑、景观方案设计流程如图4-3所示。

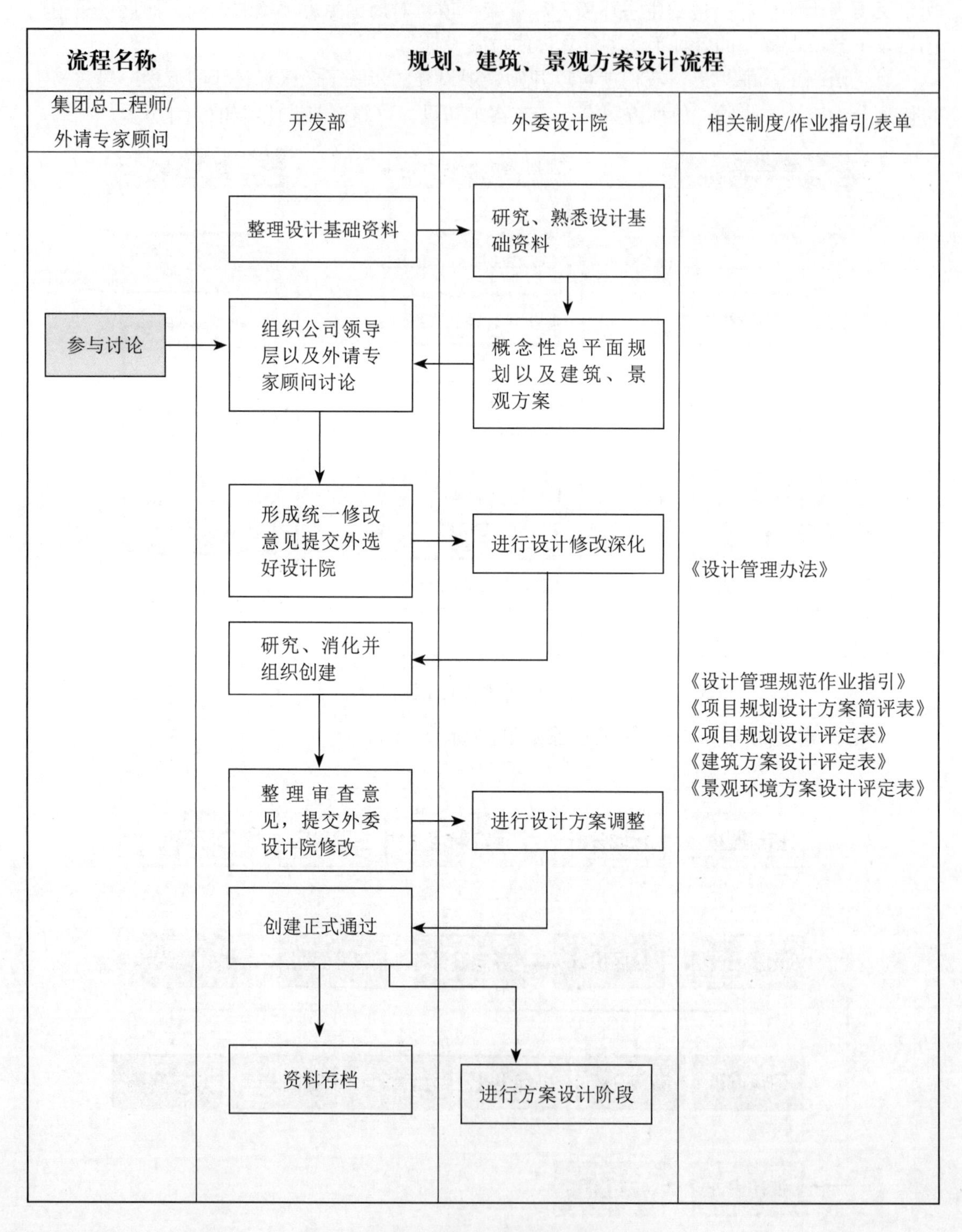

图4-3 某规划、建筑、景观方案设计流程

初步设计作业流程如图4-4所示。

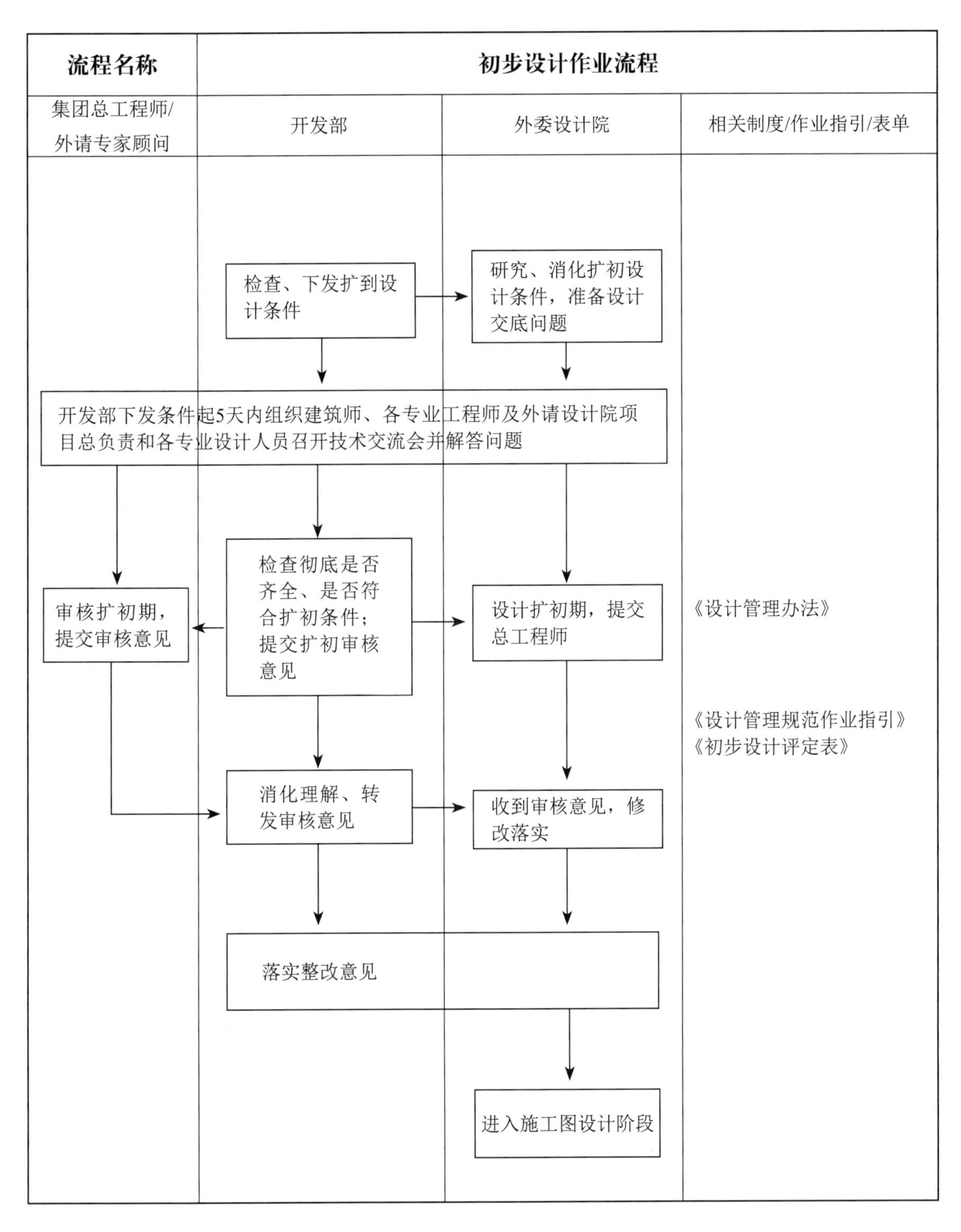

图4-4　初步设计作业流程

施工图设计作业流程如图4-5所示。

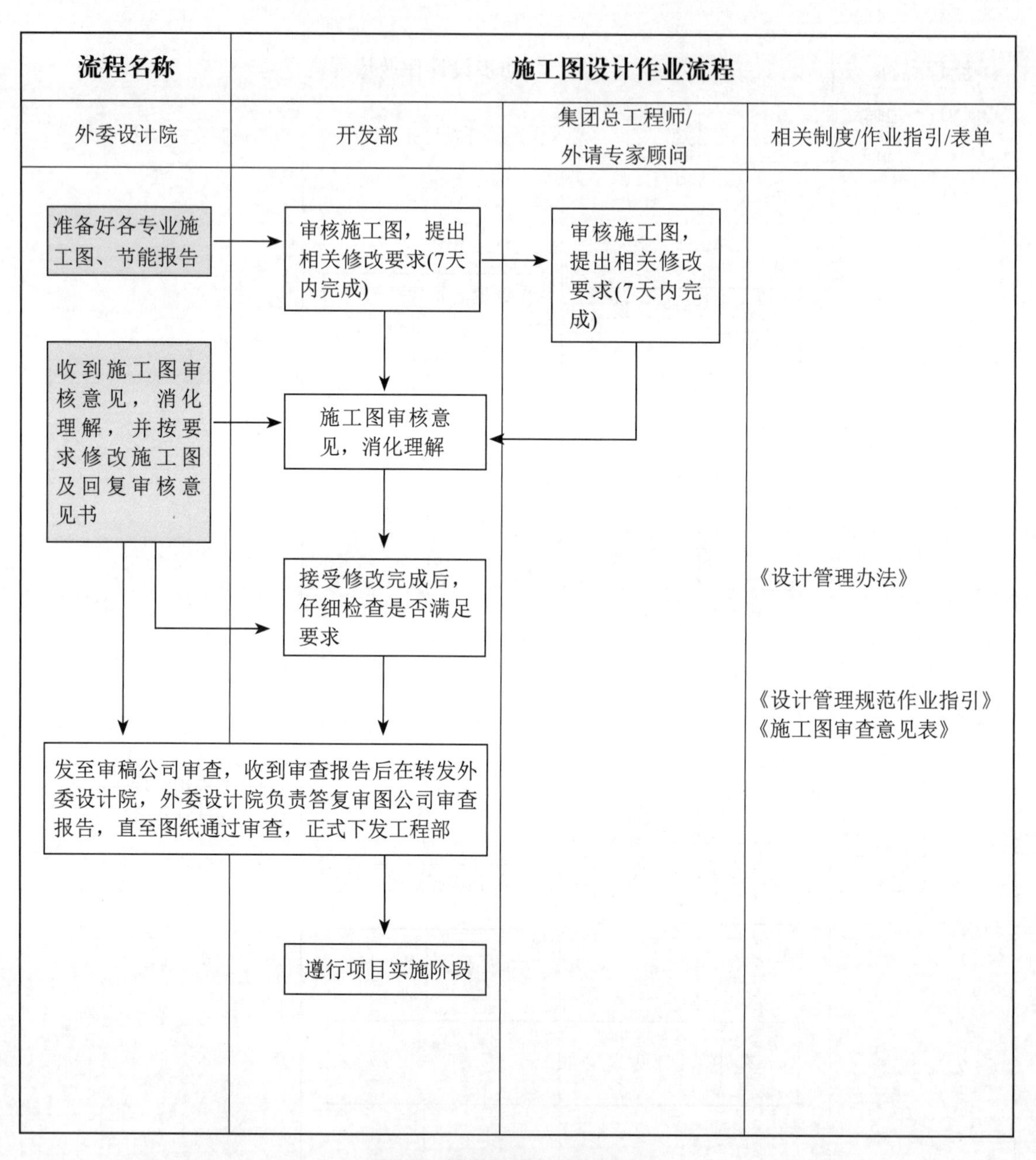

图4-5　某施工图设计作业流程

通过上述几幅图示，我们对景观设计的一般流程已经有了大致的了解。在此基础上，下面将分别对景观资料的收集、景观概念方案的设计和景观方案的设计来进行具体阐述，以达到让读者更为清晰地认识和掌握景观设计的流程。

4.1.2　景观资料的收集

景观资料的收集是设计方案的前期工作。所需要的设计基础资料包括：场地的CAD图

纸(见图4-6)、场地所在区域的规划资料以及各类规范。所需要的一般资料包括：场地所在区域的区域位置(见图4-7、图4-8)、人口数量、气候(见图4-9)、人文地理(见图4-10)、风俗习惯等。所需要的设计类型资料与该设计类型相关的各类资料(已建成的案例、经典的设计方案、前沿的理论体系)。

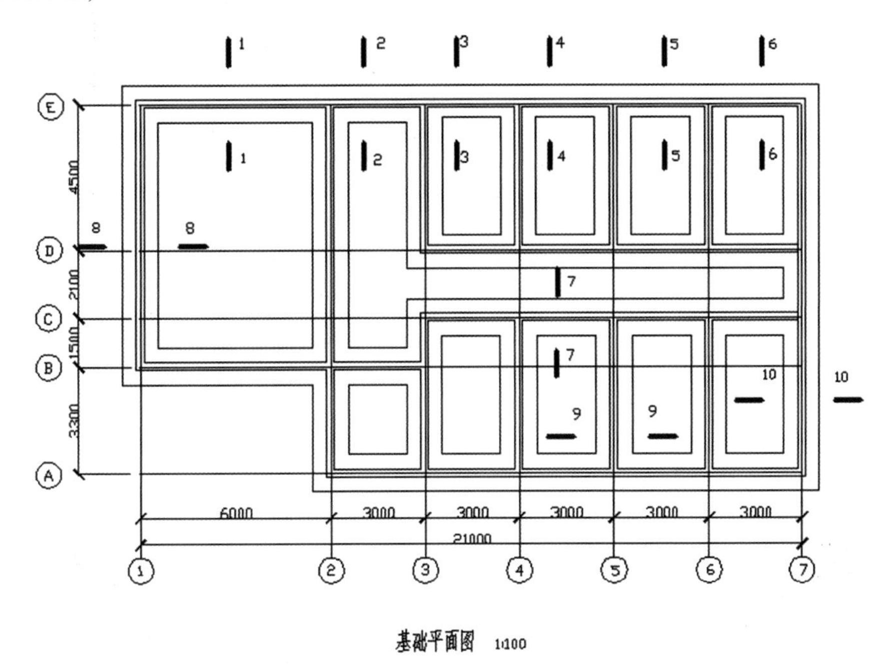

图4-6　某景观CAD图纸

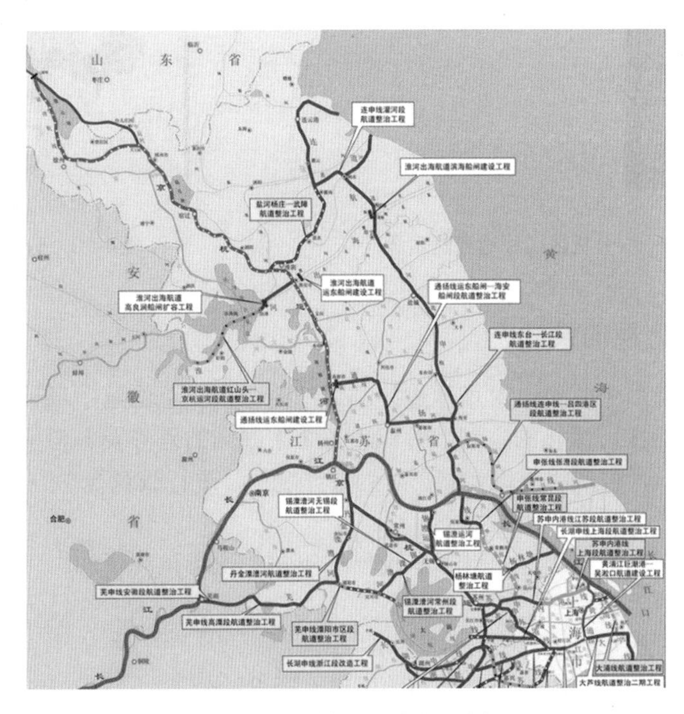

图4-7　长江地区区域位置分析

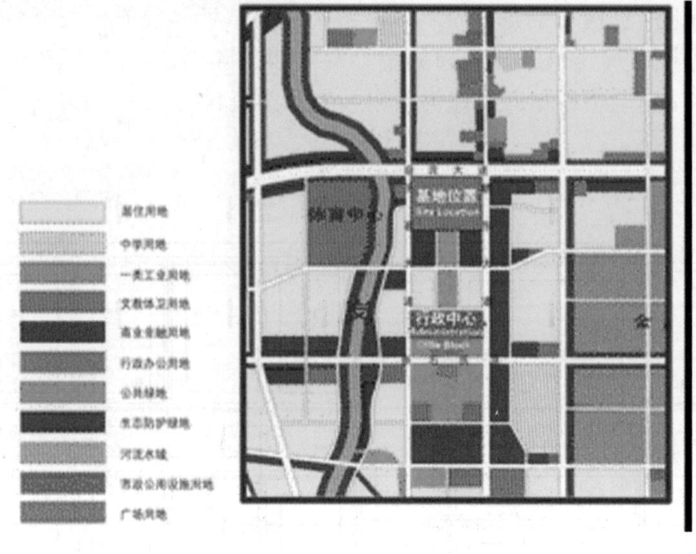

图4-8　某地区区域周边用地性质分析，找出给区域带来的优势与劣势

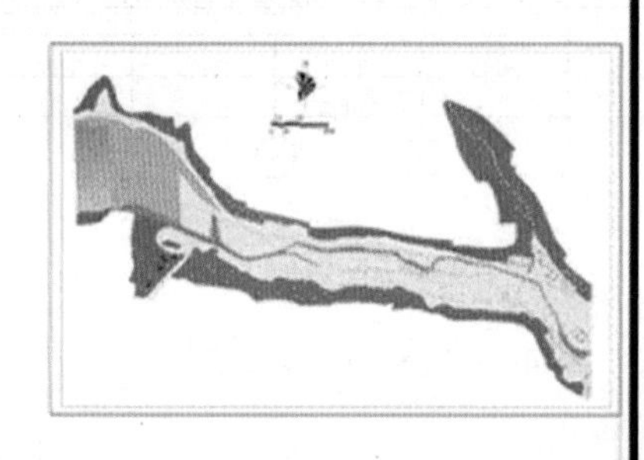

图4-9　分析区域周边自然资源

图4-10　分析区域周边人文资源

4.1.3　景观概念方案的设计

根据上节景观资料的收集，对场地进行了详细的分析，总结出了场地内的优势、劣势，所要面对的挑战，得出可深化的主题，并比较各个主题间的差异及各自的优劣关系，得出规划设计的主题与方向，再次明确设计概念，为设计定位，进行景观概念方案的设计。

景观概念方案设计的具体步骤如下。

(1) 现场勘察(现场场地梳理、地形、现场构筑物、现场景观资源、可见因素、不可见因素及地下隐蔽项目等)。

(2) 概念方案(风格定位及景观框架提炼)。

①深度了解甲方要求，依据其提供相关资料展开设计分工。

②制定概念方案设计构架。

- 设计说明、方案设计总平面草图、现状分析图、功能分析图、景观分析图。
- 软硬铺地分析图。
- 绿化分析图及主要景观基调树种种植图。
- 主要景观节点详细平面布局、效果表现图。
- 主要景观节点竖向设计图。
- 主要节点及特征点的纵横断面表现图。
- 小品设施分布图及主要景观小品表现图或意向图。
- 关键雕塑形体概念设计及分析。
- 标示系统设计及分析。
- 灯光照明系统设计及分析图。
- 相关效果图、概念彩平、设计意图各节点，主要包括中心区、节点区、主要入口水景等。

(3) 工程成本概算。

(4) 针对概念方案主题、风情、结构、功能等分析汇报，确定方案可执行性，进行概念设计修改、调整。

(5) 概念方案修改调整。

(6) 概念方案提交、设计成果的确定。

［案例4-1］　海口市万绿园规划设计方案

一、项目区位：

公园范围为龙珠湾、滨海大道、玉兰路及琼州海峡所围合的区域。

二、公园定位：

展示海口“双滨水”景观资源，构筑热带滨海景观特色，提升其景观品质，凸显生态效应，树立海口特色热带滨海旅游城市形象。功能定位：“城市生态客厅”。

三、规划理念：打造“椰城翡翠”

规划以热带滨海景观为载体，融合海口地域文化，塑造碧海、蓝天、绿树、人文交融的开放空间环境。植根于海口地域文化，打造提供市民休闲游憩、赏景观海、集会交往的综合性城市公园。使万绿园成为海口市中心区这片黄金宝地上的“绿翡翠”。

四、规划构思：

1. 建立“一核”、“一环”、“一区”、“一岛”的景观格局。规划巧妙的改造原有中心大道，扩大成为新的入口景观主轴；在原有大道中间局部断开，形成圆形的中心集会草坪，成为“一核”——核心活动区；利用原半环形现状道路，顺其地势围绕内湖，以核心活动区为中心形成“一环”——“生态景观功能环”，它既是主要的游览观光环，同时又是连通各功能区的功能环；在滨海区域，改造原来滨海护堤，建设观海平台等滨海景观要素，利用原有洼地，形成雨水花园，建立“一区”——滨海生态景观区；在万绿园外延的海、陆颈口区域建立生态人工岛屿——“一岛”，形成完美海岸线轮廓，增加公共绿地面积，凸显生态效应。

2. 挖掘公园“双滨水”的景观特色。抓住万绿园双重滨水亮点，重点着眼于滨海和滨湖的景观改造和建设。在滨海景观区，设置观海台等设施，利用各种元素演绎热带滨海风情，提供人们观海赏景的好去处；滨湖区通过改造现有硬驳岸，沿湖设置游船码头、茶社、水上表演台等景观要素，美化环境，满足人们亲水的需求。使双重滨水的特性在万绿园得到充分的展现和利用。

3．改进公园的生态功能。规划通过生态化改造原内湖硬驳岸的手法，改善内湖的生态景观功能；利用雨水花园，强化公园的生态作用；通过生态通廊的建设，把公园的各个区域连成一个有机的生态系统。

4．强化海口的地域特色。在植物选择上选用本土树种，营造热带滨海风情。在景点设置上引入民俗文化景点，水上表演台、民俗场景雕塑、小品等，提升景观的文化内涵，增强市民的参与和认同感。

5．蓝色城市的“翡翠项坠”，生态景观绿岛。新拟建的生态人工岛，位于滨海公园与世纪公园之间的港湾海域，面积约6.2公顷，增加了片区的绿地面积，成为海口公共活动绿地的有效储备；绿岛的营建将成为两侧海岸线的补充和延伸，弥补此处海岸线形缺口，美化海岸线形；生态岛的建立将使万绿园成为滨海公园和世纪公园两大绿地生态体系有效连接的媒介，景观体系的绿色过渡空间，将丰富市民视线空间、景观体验。

五、规划布局：

规划根据现状条件和景观特色，因地制宜的将公园划分为12个功能区：主入口区、中心活动区、体育健身活动区、儿童游乐区、热带植物展示区、滨湖景观区、滨海景观区、雨水花园游赏区、疏林草地休闲区、密林游览区、缓冲过渡区、生态人工岛景观区，如图4-11～图4-26所示。

图4-11　现状分析图

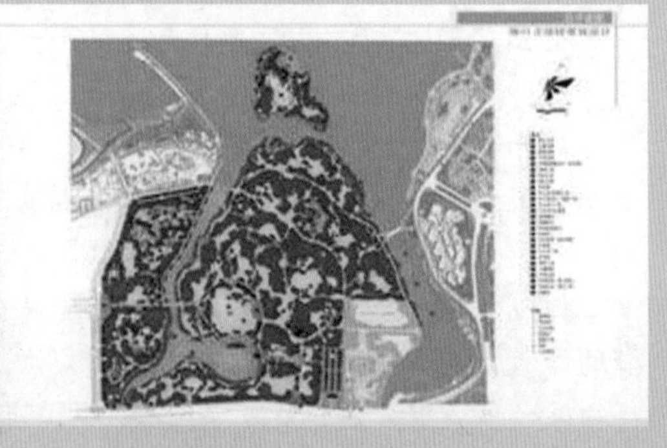

图4-12　总平面图

图4-13　整体鸟瞰图

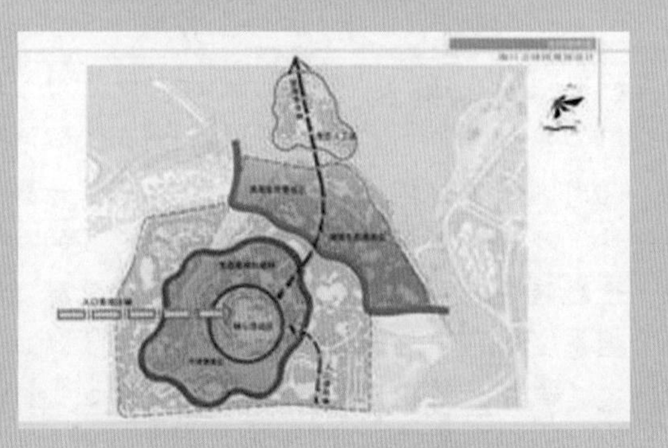

图4-14　规划结构图

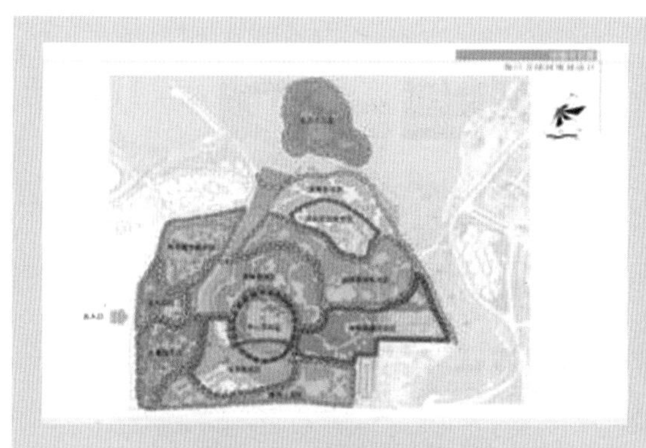

图4-15　功能分区图

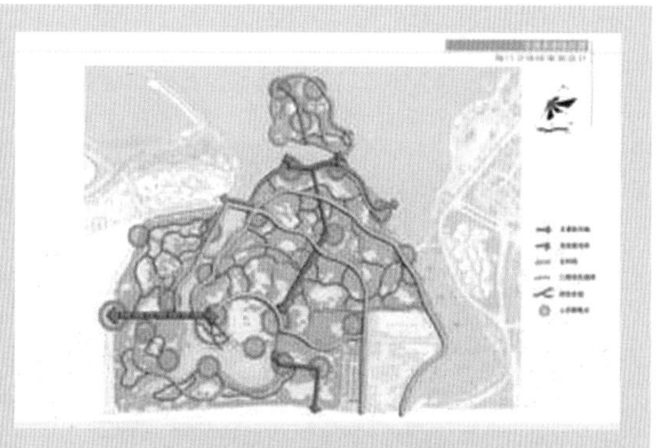

图4-16　交通分析图

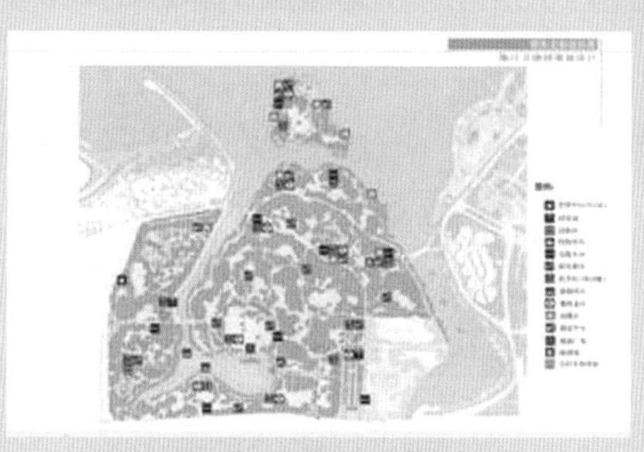

图4-17　服务设施规划图

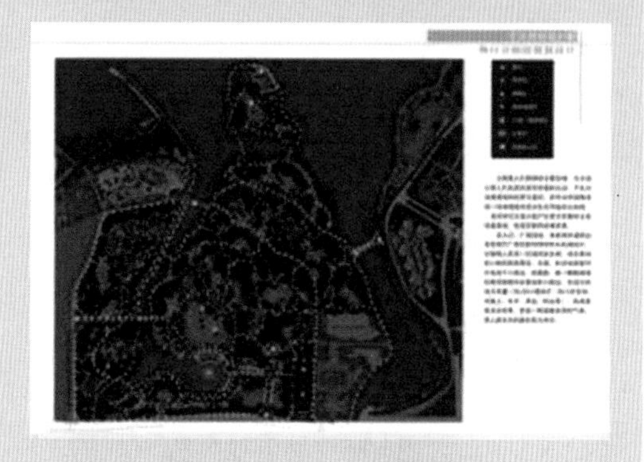

图4-18　灯光照明设计图

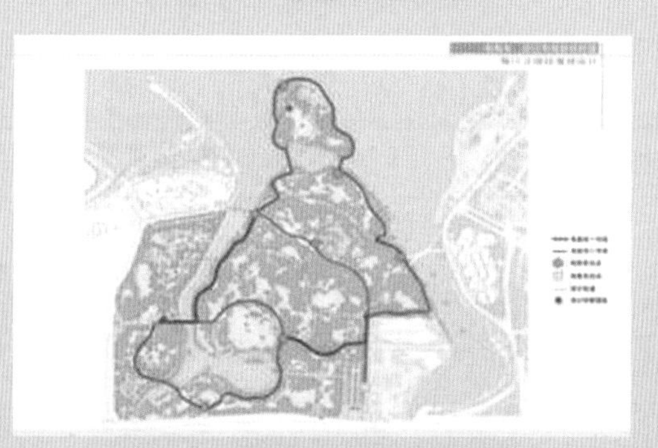

图4-19　慢行系统规划图

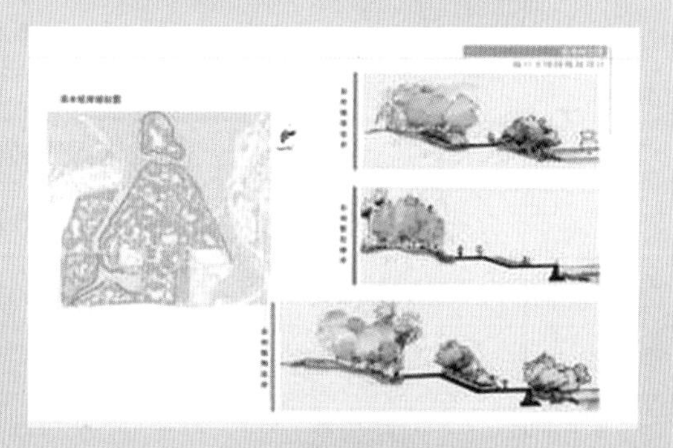

图4-20　驳岸规划图

图4-21　种植规划分区图

图4-22　雨水花园平面图

图4-23　雨水花园效果图

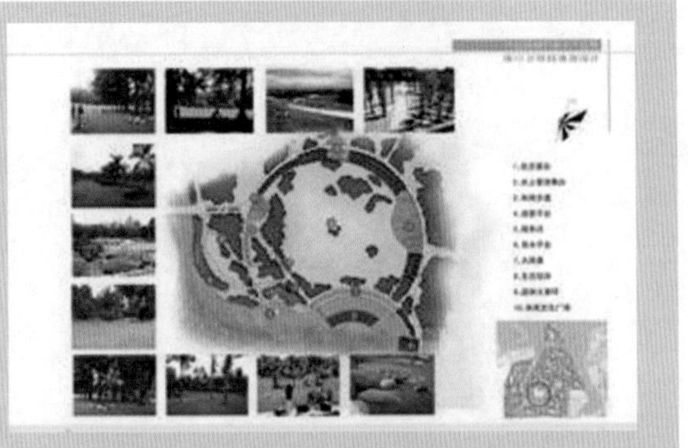

图4-24　中心活动区平面图

图4-25　湖区效果图

图4-26　湖区鸟瞰图

六、经济技术指标：

绿地率：81.77%，容积率：0.013，建筑密度：0.92%，如图4-27所示。

万绿园经济技术指标				
序号	用地名称	用地面积(ha)	占建设用地比例(100%)	备注
1	建筑占地面积	0.77	0.92	
2	道路面积	6.54	7.82	
3	广场面积	5.34	6.39	
4	停车场面积	1.96	2.34	
5	景观水体	7.73	9.24	
6	游泳池	0.63	0.76	
7	绿化种植面积	62.26	72.53	
合计		83.60	100	

图4-27　万绿园经济技术指标

案例摘自：园林景观网，作者改编

4.1.4　景观方案的设计

景观方案的最终设计包括总体设计和局部设计。

总体设计包括：

(1) 总体平面图。

(2) 总体剖立面图(可添加重要区域剖立面图)。

(3) 总体鸟瞰图(可添加夜景鸟瞰图和局部鸟瞰图)。

(4) 景观注释图(可添加配套服务设施的注释图)。

(5) 种植设计图(植物列表明细清单、植物图例一一对应)。

局部设计包括：

(1) 中心景观节点(放大平面图、区域鸟瞰、区域透视图、示意图)。

(2) 重要景观节点(放大平面图、区域鸟瞰、区域透视图、示意图)。

(3) 建筑设计，包括布局、功能、风格、色彩等。

(4) 园林小品设计，可分为雕塑小品、地面铺装、城市家具、灯具、标识系统等示意图。

注：如是小区的设计，重要景观节点可以换成中心游园、组团绿地、宅旁绿地等。

[案例4－2]　　上海虹桥商业中心

上海虹桥商业中心景观设计方案如图4-28～图4-31所示。

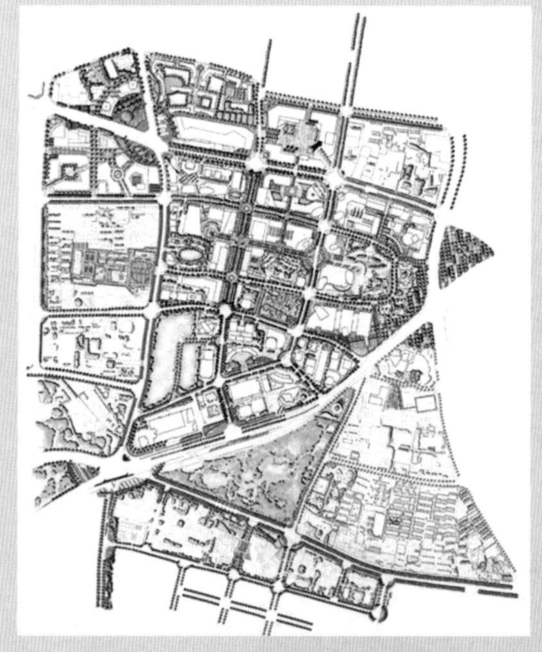

图4-28　上海虹桥商业中心总平面图

图4-29　上海虹桥商业中心城市交叉路口剖面图

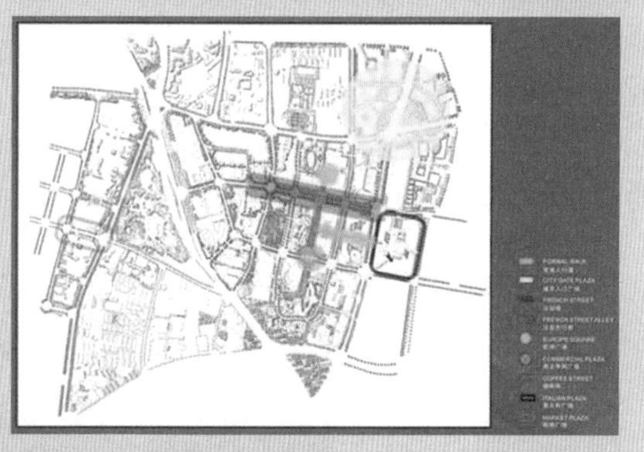

图4-30　上海虹桥商业中心特色城市广场及城市开敞空间示意图

图4-31　上海虹桥商业中心古北路街道剖面图

案例摘自：园林景观网，作者改编

4.2　景观设计的艺术手法

上一章讲到，景观是由地形、道路、水体、建筑、植物等要素通过设计的造型要素构成的，那么单单掌握了造型技巧还不够，生搬硬套并不能让“风景”活起来，还需要有一定的艺术手法，把“景”造得逼真，造得有意境，造到人的心坎里去。“景”是境域的风光，是一个具有欣赏内容的单元，是由物质的形象、体量、姿态、声音、光线、色彩以至香味组成的。景是园林的主题，是生存的环境，是欣赏的对象。自然造化的天然景观是没有经过人力加工的。大地上的江河、湖海、瀑布林泉、高山悬崖、洞壑深渊、朝霞日出、斜阳残月、花鸟鱼虫、奇珍古木、雾雪霜露、四季美景等都是天然景观。我们讲究的造景的最高境界便是将“人造”做到“天然造”，这需要的不仅仅是基本的造型手段，还需要娴熟的艺术手法。景观设计的艺术手法多种多样，下面我们从对景与借景、隔景与障景、对比与调和等七个方面来做简要分析，如图4-32、图4-33所示。

图4-32　中国古典园林景观多注重用艺术手法来造景

图4-33　隔景的艺术手法

4.2.1　对景与借景

景观设计的平面构图中，往往有一定的建筑轴线和道路轴线，在轴线尽端设置的景物称为对景。对景往往是平面构图和立体造型的视觉中心，对整个景观设计起着主导作用。对景可以分为正对和互对。正对是在视线的终点或轴线的一个端点设置景物，如图4-34、图4-35所示。互对是在视点和视线的一端，或者在轴线的两端设景，互对景物强调相互联系，相互映衬，如图4-36所示。

图4-34　白宫的正对景

图4-35　大雁塔的正对景

图4-36　互对景

借景是小中见大的空间处理手法之一，也是景观设计常用的手法。通过建筑的空间组合，或建筑本身的设计手法，将远处或者近处的景色有意识地借用过来，成为景观的一部分，如图4-37～图4-39所示。这种借景的手法可以扩大景观空间、丰富景观的空间层次，给人极目远眺、身心放松的感觉。

图4-37　园林景观借远处的高塔

图4-38　借窗外的绿景

图4-39　借圆门外的景致

[案例4-3]　　法国：Charance露台花园

Charance花园位于法国Gap镇的一块梯田上面，边坡上设有挡土墙，水元素贯穿整个设计。Gap镇想要在这块土地上恢复一个梯田状的花园，部分区域设置成高山植物温室，里面种上玫瑰。植被由种植的梯田和玫瑰组成。此花园在土地重建方面提供了一个“contemporary reading”的概念。

Charance花园景观轴线：

1．首先是建筑。整条轴线贯穿山庄及相互交错的栏杆和楼梯，垂直边坡的墙壁包围着基地。

2．使用真实或虚拟的水轴线来连接地形。中心是连绵的假山，沿着边缘，是一排由山毛榉搭成的老磨坊。

3．垂直于梯田的山庄，墙壁是由整齐划一的植物种植台组成。

Charance花园景观采用对景、借景等艺术手法，打造了具有生态、自然、和谐美感的露台花园，如图4-40～图4-43所示。

图4-40　Charance花园的对景

图4-41　Charance花园远借飘渺的山峰

图4-42　Charance花园俯借远处景物

图4-43　Charance花园远借飘渺的山峰

案例摘自：园林景观网，作者改编

04

4.2.2 隔景与障景

隔景与障景是分隔园林空间、隔断视线的手法。以虚隔、实隔等形式将景观园林绿地分隔为若干空间，此种手法称为隔景。可用花廊、花架、花墙、水面、小路等进行虚隔，也可用实墙、山石、建筑等进行实隔，避免相互干扰，形成小的单独的观赏空间，使景观层次更为丰富，富有特色，给人以引人入胜的观赏感受，如图4-44～图4-46所示。

图4-44 以树木、水面虚隔空间

图4-45 以实墙实隔空间

图4-46 以树木实隔空间

障景也称抑景，在园林中起着抑制游人视线的作用，是引导游人转变方向的屏障景物。它能欲扬先抑，增强空间景物感染力，引领观者感受一步一景、曲径通幽、层层叠叠的景观。障景有山石障、树丛或树林障等形式，如图4-47、图4-48所示。

图4-47 障景

图4-48 障景

【案例4-4】　加拿大：Olive花园

Rudd Oakville镇酿酒师Patrick Sullivan举办了一场晚宴，地点选在由Thomas Hobbs设计的花园中。在Olive花园里，到处都长满了银色的橄榄叶，像编织在一起的艾草，除此之外，还有妖艳的深蓝迷迭香、绽放的大丽花和灰绿色的香草，如图4-49所示。

Thomas Hobbs用橄榄树种植之前，该项目的设计师Rose Tarlow参与了他的计划。花园里的众多植物，包括有青铜色的喷泉、高大的灌木、蓝白蕨类植物、灰绿色的艾草和迷人的迷迭香，这些植物除了带给人们观赏价值外，更重要的也起到了分割空间、引领路线的作用，如图4-50～图4-52所示。

图4-49　Olive花园

图4-50　高大的灌木起到了隔景的作用

图4-51　低矮的丛林隔成一处独特的景观

图4-52　高低灌木引领路径，起到了障景的作用

案例摘自：园林景观网，作者改编

4.2.3 对比与调和

配景经常通过对比的形式来突出主景，借用两种或多种性状有差异的景物之间进行对照，使彼此不同的特色更加明显。这种对比可以是体积上的对比，也可以是空间对比(见图4-53)、虚实对比、疏密对比、方向对比、色彩对比(见图4-54)、形体对比、质感对比等。例如，园林植物中常用高低乔木对比使景物空间感增强；常用蓝天作为雕塑及青铜像的背景；规则式的建筑以自然山水、植物花草等作陪衬是形体对比等。

图4-53 空间对比

图4-54 色彩对比

调和，也可以叫作协调，是指事物和现实的各方面之间的联系与配合，以达到完美的境界和多样化的统一，如图4-55、图4-56所示。

图4-55 各景观元素相互呼应，调和彼此，既多样化又统一在一起

图4-56 各景观元素相互呼应，调和彼此，既多样化又统一在一起

[案例4-5] 新西兰：Grassgarden别墅

比克波登位于海尔德兰省Berg en Dalweg一带(邻近市政府阿培尔顿)。这栋独特的别墅建在一个2.5英亩的草木繁盛的地带。这里的海拔高度起伏连绵，令人惊讶不已。这里是一个被称为Veluwe-Complex冰碛的一部分区域，其特点是有着滚动变化的奇观美景。早在最后一个冰河时代，这里便形成了一个风景优美的景区。

该别墅坐落在一个开放式的树林丛中，四周由几个巨大的山毛榉(水青冈)构成。这栋别墅具有鲜明的外形建筑形状和圆锥形字符的创新特征。它的设计沿用了混凝土雕塑结构，采用了弧形的茅草屋顶。别墅的局部被建成冰碛状，有的阶层建成地下室形式，因此，滚动的林地深入到别墅的各个阶层。

花园小径结构由高向低变化，形成一个宽泛区域格局，而草地表皮局部也按照这种变化结构，自然弯曲的植被，一层又一层，在别墅和树林四周都有不同的远景视觉的效果。

同时，柔和的草丛引起人们的注意力，让人不仅与别墅形成鲜明的对比，使草丛与别墅各自质地和特色更加突出，与周围其他植物的质地也形成了别样的对比，如图4-57～图4-60所示。

图4-57　草丛质地柔软与建筑物光洁的外表形成对比

图4-58　建筑侧面角度质地与草丛的对比

图4-59　草丛与落叶的质感对比

图4-60　草丛与落叶的质感对比

案例摘自：园林景观网，作者改编

[案例4-6]　　美国：Ten Eyck Desert花园

在亚利桑那州天堂硅谷附近有座Ten Eyck Desert花园，它是由Christy Ten Eyck用沙漠上的植物(仙人掌和鹿食草)建造而成的。

04

花园里使用的材料很简单，由风化的花岗岩、钢制品的边角和鹿食草组合设计包括花坛、人行道以及通向房主工作室的路线，设计师巧妙地将工作与生活的地方分离，但整体无论色调还是各个元素又统一在一起。

在这里仙人掌和鹿食草协调地融合在整个环境中，房屋、地面、树木、桌椅等相互配合，构成了一个统一的别致的景观，如图4-61～图4-64所示。

图4-61　房屋、植物、地面等相互协调

图4-62　植物、建筑、地面等相互协调

图4-63　建筑、地面、植物等相互协调

图4-64　座椅、地面、植物等相互协调

案例摘自：园林景观网，作者改编

4.2.4　节奏与韵律

节奏与韵律是景观设计常用的手法，在景观的处理上节奏包括：地面铺装有规律的变化，灯具、树木放置时以相同间隔的安排，花坛座椅的均匀分布等。韵律是节奏的深化，不同的节奏变化会产生不同的韵律，如图4-65、图4-66所示。

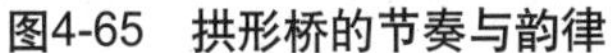

图4-65　拱形桥的节奏与韵律

图4-66　黎巴嫩hariri纪念公园

[案例4－7]　　澳大利亚：维多利亚公园公共领域

欧洲发展之前，维多利亚公园里分布有大型的湿地和礁湖生态系统(称为植物学沼泽)，17世纪开始作为马场开发，然后形成重工业区域。巨大的场地和看似无穷无尽的优质地下水促进了公园的发展，但这些是不可持续的，该地的生态系统逐渐恶化。HASSELL的设计理念体现了维多利亚公园位置的四个关键原则：现有范围内的环境战略、自然湿地系统、场地连接和社区发展。

各种特殊公共设置方便社区居民使用；结合大型开放空间(广场、操场)建设露天剧场和公共艺术作品；公共空间有着丰富的空间形式和材料，统一种植本土植物促进生物多样性，存储土地中的水分，改善水质量；保留沼泽地渗透调节功能，利用雨水冲洗公共道路，雨水经过过滤后再进行回收。

这个项目超出预期，凭借其创新的水资源管理系统及其高质量的生活环境，它不仅提供了一个具有娱乐功能的社区，还对该地区的生态系统进行了恢复和重建。因此，该项目已成为澳大利亚的典型案例。

这个案例的设计充分把握了节奏的重要性，水池台阶的设计独特又新颖，韵律十足，如图4-67～图4-69所示。

图4-67　维多利亚公园的水池台阶

图4-68　维多利亚公园

图4-69　维多利亚公园的水池台阶

案例摘自：园林景观网，作者改编

4.2.5　对称与平衡

对称讲究景观要素按照轴线有次序地排列，如我们人就是左右对称的，正方体、长方体、圆等都是相互对称的。许多景观建筑，特别是中国古典园林建筑多是讲究对称与平衡，例如北京故宫、八角亭(见图4-70)等。

平衡主要是景观构图中各要素左与右、前与后之间相对轻重关系的处理，如图4-71～图4-74所示。

图4-70　八角亭

图4-71　树木沿道路对称

图4-72　凯旋门

图4-73 景观中各要素之间相互平衡

图4-74 景观中各要素前后左右相互平衡

[案例4-8] MVRDV：荷兰鹿特丹市场

由MVRDV设计的荷兰“鹿特丹市场”近日动工，将形成一个新的混合型社会枢纽。该综合性的公共市场和公寓项目占地10万平方米，耗资1.75亿欧元，2014年建成后将形成一个巨大的、深邃的拱形对称结构，成为鹿特丹市中心的社会聚集地。

垂悬的透明玻璃立面覆盖了40米高的拱形开口，公寓也通过使用高度隔音的材料而免受市场中噪声的干扰。

鹿特丹市场采用中心对称的方法设计成倒U字的形状，其造型美观大方，容纳面积相对较大，如图4-75～图4-77所示。

图4-75 荷兰鹿特丹市场

图4-76 荷兰鹿特丹市场

图4-77 荷兰鹿特丹市场

案例摘自：园林景观网，作者改编

04

4.2.6 引导与示意

引导的手法是多种多样的，有水体、地面铺装、道路等很多元素，如公园的水体，水流大小、宽窄、急缓等引导人们到公园中心，如图4-78所示。地面路径的设计或盘曲或笔直或材质的更换都能起到引导行人的作用，如图4-79所示。

示意的手法包括明示和暗示。明示是指采用文字说明或者图示的形式如路标、指示牌等小品的形式指引方向，如图4-80、图4-81所示。暗示可以通过地面铺装、植物有规律的排列形式指引方向和去处，让游人在范围较大的公园或者广场不至于迷失方向，同时给人身随景移，陶冶性情的感觉。

图4-78 水体引导

图4-79 铺地引导

图4-80 示意牌

图4-81 指示牌

4.2.7 尺度与比例

景观设计尺度则是指园林景物、建筑物整体和局部构件与人或人所喜见的某些特定标准之间的大小关系。它主要依据人们在建筑外部空间的行为。如城市广场设计或学校的操场、教学楼前的广场面积尺度不宜太大，也不宜过于急促。太大了，使用起来会感觉过于空旷，没有氛围；过于局促又会让空间狭小，施展不开。

园林中的比例包含两方面的含义：一是指园林景物、建筑物整体或某局部本身的长、宽、高之间的大小关系；二是指园林景物、建筑物整体或某局部之间的大小关系。

无论是广场、花园还是绿地都应该依据其功能和使用对象确定尺度和比例，如图4-82、图4-83所示。

图4-82 人与景观建筑物之间的比例

图4-83 人与广场之间的比例

本章小结

本章介绍了景观设计的流程，方案设计及景观设计的艺术手法。艺术手法的熟练运用可以为创作出好的作品打下基础，只有掌握了这些技能和知识结构，才会在接下来的学习中取得更大的进步。

好的设计师必定熟悉景观设计的流程，对于艺术手法也早已融会贯通。景观设计师的养成需要我们对每个知识点熟练掌握并能运用到实践中来。

思考练习

1. 景观设计的流程是怎样的?
2. 景观资料的收集内容有哪些?
3. 谈一下景观设计有哪些艺术手法?
4. 怎样熟练运用景观设计的艺术手法，并举例说明?

实训课堂

实训课题：设计规划住宅小区或者小区花园。

(1) 内容：以自己所在居住环境为例，运用景观设计的艺术手法规划居住环境。

(2) 要求：材质不限、大小不限，必须运用到景观设计的一种或两种艺术手法。

第5章

道路景观设计

学习要点及目标

了解城市道路景观规划的设计原则。
学习城市道路景观规划的设计内容。
掌握公路设计的基本要求。
能够认识到高速公路绿化设计要注意的事项。

核心概念

道路景观设计　城市道路　高速公路

本章导读

随着国家经济的发展，道路景观设计越来越受到重视。道路是交通运输的主要载体，也是广大群众使用的建筑物。道路不仅具备运输、输送等功能，还具有观赏功能。道路景观的设计要注重从布局设置的合理性、与周围环境的协调性、路线的美观性以及道路的绿化方面出发，抓住以人文本的理念，建造适合人类、方便人类的道路。本章从城市道路景观设计和公路景观设计的构成要素和设计内容等方面探讨道路景观设计的知识。

5.1　城市道路景观设计

一般来说，城市道路景观是在城市道路中由地形、植物、建筑物、构筑物、绿化、小品等组成的各种物理形态，如图5-1所示。城市道路网是组织城市各部分的“骨架”，也是城市景观的窗口，代表着一个城市的形象。同时，随着社会的发展，人民生活水平的提高，人们对精神生活、周边环境的要求也越来越高。这些都要求我们要十分重视城市道路的景观设计。

图5-1　城市道路

5.1.1　城市道路景观的构成要素

城市道路景观由道路、建筑、道路绿化、照明、周边景点、人、车等要素构成。

道路是城市形象的第一要素，也是形成道路空间、景观的本体性要素。道路的特征、方向性、连续性、韵律与节奏、道路线形的配合及断面形式特点构成了这一要素的基本内涵，如图5-2所示。

道路绿化在视觉上给人以柔和而安静的感觉，并把自然界的生机带进了城市。它的形状，色彩和姿态具有可观赏性，丰富了道路的景观，有助于创造优美的视觉环境，提供舒适的行驶条件，如图5-3所示。

图5-2 道路具有韵律和节奏

作为城市道路，照明是必不可少的设施，它对保证夜间通行条件和行人安全起着重要作用。随着人们生活水平的提高，夜间照明的功能已不仅仅是“照明”了，更重要的是通过五光十色的装饰照明去体现道路夜间景观的魅力，成为夜间重要的景观要素，如图5-4所示。

图5-3 道路绿化

图5-4 道路照明

[案例5-1] WORKac：深圳华强北道路景观设计

作为世界电子元器件最集中、人流密度最高、天上地下空间拓展需求最大的街道之一，深圳华强北的改造为人关注，尤其是有了东门的教训之后。

WORKac建筑事务所为中国深圳福田区华强北路设计的一公里道路规划获得了设计竞赛一等奖。设计对该地区不断成长的经济给予了回应，特别针对的是糟糕的交通状况。设计提议，道路变成“战略性干预”的“五个标志性灯组”(将所需程序连接)，通过独特的“城市针灸”，构建有形的目的地。

WORKac建筑事务所方案将五个过街节点放大夸张成五个灯笼型的标志建筑跨骑在道路中间，如图5-5～图5-14所示。设计师说：“我们做方案时并不刻意强调视觉美学，而是游离于形式之外，反而重视空间对生活的影响，关注两者之间的关系。建筑就像机器，既可以容纳，也可以制造人的生活。以平民化的视角去关注生活、关注社会运作以及建筑能为社会生活提供什么样的空间形式，反对英雄主义或者尖叫的建筑，这是我们一贯的价值观。”

图5-5　WORKac：深圳华强北道路景观设计

图5-6　WORKac：深圳华强北道路景观设计

图5-7　WORKac：深圳华强北道路景观设计

图5-8　WORKac：深圳华强北道路景观设计

图5-9　WORKac：深圳华强北道路景观设计

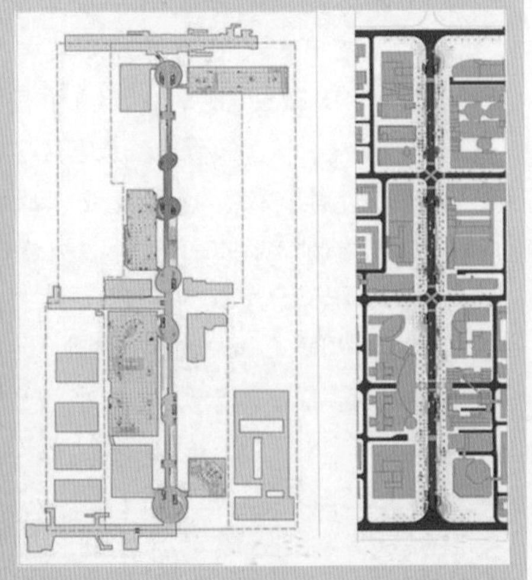

图5-10　WORKac：深圳华强北道路景观设计

图5-11　WORKac：深圳华强北道路景观设计

图5-12　WORKac：深圳华强北道路景观设计

图5-13　WORKac：深圳华强北道路景观设计

图5-14　WORKac：深圳华强北道路景观设计

案例摘自：景观园林网，作者改编

5.1.2　城市道路景观设计的基本原则

1．尊重历史的原则

城市景观环境中那些具有历史意义的场所往往给人们留下较深刻的印象，也为城市建立独特的个性奠定了基础。城市道路景观设计要尊重历史、继承和保护历史遗产，同时也要向前发展。对于传统和现代的东西，我们不能照抄和翻版，而需要探寻传统文化中适应时代要求的内容、形式与风格，塑造新的形式，创造新的形象。

2．可持续发展原则

可持续发展原则主张不为局部的和短期的利益而付出整体的和长期的环境代价，坚持

自然资源与生态环境、经济、社会的发展相统一。这一思想在城市道路景观设计中的具体表现，就是要运用规划设计的手段，如何结合自然环境，使规划设计对环境的破坏性的影响降低到最小，并且对环境和生态起到强化作用，同时还能够充分利用自然可再生能源，节约不可再生资源的消耗。

3．整体性原则

城市道路景观设计的整体性原则可以从两方面来理解：第一，从城市整体出发，城市道路景观设计要体现城市的形象和个性；第二，从道路本身出发，将一条道路作为一个整体考虑，统一考虑道路两侧的建筑物、绿化、街道设施、色彩、历史文化等，避免其成为片段的堆砌和拼凑。

4．连续性原则

城市道路景观设计的连续性原则主要表现在以下两个方面。第一，视觉空间上的连续性。道路景观的视觉连续性可以通过道路两侧的绿化、建筑布局、建筑风格、色彩及道路环境设施等的延续设计来实现。第二，时空上的连续性。城市道路记载着城市的演进，反映出某一特定城市地域的自然演进、文化演进和人类群体的进化。道路景观设计就是要将道路空间中各景观要素置于一个特定的时空连续体中加以组合和表达，充分反映这种演进和进化，并能为这种演进和进化做出积极的贡献。

5.1.3　城市道路景观设计的内容

1．道路线形设计

城市道路线形所受的制约因素很多，作为一般原则，一要注意根据道路的性质与作用确定线形是否为主要设计对象；二要注意路线设计中，路线特征、方向性、连续性以及快速交通路线的韵律与节奏等设计手法的应用，充分考虑路线与地形及区域景观的协调，如图5-15、图5-16所示。

图5-15　道路与区域景观相协调

图5-16　道路路线设计具有韵律性和节奏性

2．道路的绿化美化

道路绿化要选择适宜的树种，注意多品种的协调和多种栽植方式的配合，如图5-17所示。

图5-17　道路绿化

绿化要与其他景观元素协调，如图5-18所示。

图5-18　道路与水体等其他元素相互配合

3．建筑与道路的整体协调

一条道路景观的好坏，建筑是否与道路协调是最主要的因素，如图5-19所示。

4．人行道的景观设计

人行道绿化是街道绿化不可缺少的组成部分。它对美化市容，丰富城市街景和改善街道生态环境具有重要的作用，如图5-20所示。

图5-19　道路与建筑要相互协调

图5-20　人行道绿化

5．道路结点的景观设计

道路的结点主要指道路的交叉口、交通路线上的变化点、空间特征的视觉焦点(如广场、雕塑、小品等)，它构成了道路的特征性标志，同时也往往形成区域的分界点。

结合地形条件，设置微型广场，供行人停滞与休息，可以增加道路的商业吸引力，而且对整条道路的景观环境也能起到画龙点睛的作用，如图5-21、图5-22所示。

图5-21　道路与微型广场

图5-22　道路与微型广场

采用雕塑、小品打破道路沉闷乏味的环境，使之富有生活气息，成为吸引人们的地方，如图5-23所示。

图5-23　道路与景观小品

6．道路景观的亮化

道路景观的亮化主要指道路夜景的统一设计和管理道路两侧建筑立面的橱窗、霓虹灯以及绿化的地灯等统一设计，烘托建筑轮廓线，亮化道路的夜景观，如图5-24、图5-25所示。

参考国际照明协会推荐的路灯高度，一般采用H = 9m，该高度与绿化乔木高度比例，以及机动车道宽度的比例均接近于黄金比例，认为是符合美学原则的。

图5-24　道路亮化

图5-25　地灯

［案例5-2］

哥伦布圆环

项目名称：哥伦布圆环(Columbus Circle)

地点：纽约，纽约州，美国建，未建造或正在建设的项目

公司：OLIN

公司网站：www.theolinstudio.com

项目团队成员：Cosentini联营公司，L'天文台国际&Associates公司，福尔默联营公司，WET设计

哥伦布圆环是位于纽约曼哈顿历史悠久的古迹，多年来受到景观设计者的赞赏。其设计构思，以确保圆环作为极具吸引力的标志。除了公共领域的纽约市中央公园为其主要入口之一，它同时位于三条显著街道(百老汇、第八大道和第59街)的交叉处。它的设计元素加强了哥伦布圆环的基本理念，在城市中是独一无二的，如图5-26和图5-27所示。

图5-26　哥伦布圆环

图5-27　哥伦布圆环

岛屿组成的同心环，突出的纪念碑，缓冲其中的人流量，提供一个舒适的步行环境。通过一系列极具吸引力的设计和精美的道路、长椅、喷泉、灯光和一个微微隆起的种植面积，使得整个设计更显空间感，给人以舒适、优雅的感觉，如图5-28～图5-33所示。

图5-28　哥伦布圆环

图5-29　哥伦布圆环

图5-30　哥伦布圆环

图5-31　哥伦布圆环

图5-32　哥伦布圆环

图5-33　哥伦布圆环

哥伦布圆环采用了最大胆的设计，其中主要是从内到外，打开了功能和空间。解放纪念碑并没有放置在周边的中央广场。这样一来，市民可在纪念碑阅读碑文，研究浮雕。周边的喷泉能够降低交通噪音，在夏天也能让人在此纳凉避暑。当关闭时，能够供应更多的看台座椅，以提高使用率，避免在冬季被闲置。

最终，哥伦布圆环这一设计同时能够突出公民的使用空间和古迹的重要性，并把它转换成市民、游客的一个温馨庆祝场所。这是一个小憩的地方，市民、游客也可以在这一都市里最繁忙的十字路口放松身心。

案例摘自：景观园林网，作者改编

5.2 公路景观设计

联接城市之间、乡村之间，以及工矿基地之间的按照国家技术标准修建的，由公路主管部门验收认可的道路，但不含田间或农村自然形成的小道，主要供汽车行驶并具备一定技术标准和设施的道路称公路。中文所言的“公路”是近代说法，古文中并不存在，“公路”是以其公共交通之路得名。

公路景观设计是指公路线形及其构造物应有美观的造型，与周围环境充分协调，从而构成优美的自然画面，如图5-34、图5-35所示。

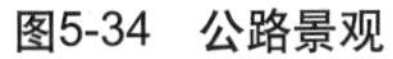

图5-34 公路景观

图5-35 公路景观

5.2.1 公路景观设计的基本要求

(1) 通视。要求路线各组成部分的空间位置配合协调，使司乘人员感觉到路的线形流畅、清晰、行驶舒适安全，如图5-36所示。

(2) 导向。建立区域性的视觉系统，使司机在视觉所及范围内，能预见到公路方向和路况的变化，并能及时采取安全的行驶措施，如图5-37所示。

(3) 协调。使公路线形及沿线设施与沿途空间景观环境相协调，如图5-38所示。

(4) 绿化。利用绿化来补充和改善沿线景观，如图5-39所示。

图5-36　公路线性流畅、清晰

图5-37　公路的导向性

图5-38　公路与沿途空间景观相协调

图5-39　公路绿化

5.2.2　公路景观结构

高速公路景观结构由以下部分组成。

1．隔离带景观

隔离带是高速公路景度一般在3～5米之间，高大乔木进行布置，高度控制在1.3～1.5米，后期需精心的养护管理，如图5-40所示。

图5-40　隔离带景观

2．立交景观

从功能上看，立交是高速公路整体结构中的节点，也是与其他道路交叉行驶时的出入口。从景观构成的角度看，它是公路景观设计中场地最大、立地条件最好、景观设置可塑性最强的部位。因此可以将立交景观看作是公路景观结构中最重要的部分之一，往往与入口的管理区连在一起统一考虑、整体布局，如图5-41所示。

图5-41　高速公路立交景观

3．两侧带状景观

在高速公路与城区连接的部分，两侧的带状

景观同时具有防护的功能；而道路沿线的两侧绿化带的设置，与道路中央隔离带一起构成“二板三带”基本结构的形式，如图5-42所示。

4．边坡地被景观

边坡地被具有很强的护坡功能，它能够使道路的边坡免遭雨水的冲蚀而形成部分水土流失，甚至造成路基的塌陷；而从造景意义上来看，就好像道路漂浮在绿色的植被之上，因此这一景观具有强烈的双重作用，同时又不像中央隔离带那样要求严格，具备一定的可塑性，如图5-43所示。

图5-42　两侧带状景现

5．休息站景观

高速公路的长度在100公里以上时要设置休息站，一般为每50公里左右设置一处，供司机和乘客停车休息，休息站还包括减速车道、加速车道、停车场、加油站、汽车修理设施、餐厅、小卖、厕所等服务设施。景观设计既要符合功能的要求，同时也要具有较强的观赏性，如图5-44所示。

图5-43　边坡地被景观

图5-44　高速公路休息站

5.2.3　公路景观绿化设计

公路景观绿化主要起生物防护、恢复生态景观作用，以满足行车安全和景观舒适协调的要求，防止水土流失。设计中应以“安全、实用、美观”为宗旨，力求将公路建成一条集绿化、美化、净化于一体的环境优美的现代化交通动脉。其主要应遵循交通安全性、景观协调性、生态适应性、经济实用性四原则。这里主要以高速公路为例进行分析。

1．高速公路边坡景观绿化植物的选择

高速公路边坡景观绿化植物材料的选择一般以本地乡土植物材料为主，引进外来优良材料为辅。以草本植物为主，藤本、灌木为辅，种源材料丰富多样，因地制宜，多种不同的植物组合。以抗旱耐贫瘠为主要评价指标，性状和生长特性为次要指标。以播种繁育为主，无性繁育为辅。图5-45～图5-56所示为常见边坡景观绿化植物材料以及边坡景观效果。

图5-45　白三叶

图5-46　假俭草

图5-47　结缕草

图5-48　百喜草

图5-49　胡枝子

图5-50　勒子树

图5-51　蟛蜞菊

图5-52　吉祥草

图5-53 成南高速公路金堂岩石、岩土高陡边坡生态防护、绿化工程

图5-54 成雅高速公路岩石高陡边坡生态防护工程

图5-55 重庆晋愉·绿岛映象岩石边坡生态景观防护工程效果图

图5-56 攀枝花渡金公路采用活性土壤喷射植物固坡技术

2. 中央分隔带的绿化

中央分隔带是高速公路的绿化重点，设计时要以确保司机视线开阔为原则，防止种植开花过于鲜艳的植物分散司机的注意力，并要求植物能起到夜间防眩光的作用。中央分隔带一般为2～4m宽，为了能种植绿化灌木，土壤厚度要求达到60cm以上。

采用草坪、花卉、地被、灌木或小乔木，并通过不同标准段的变换，消除司机的视觉疲劳和乘客的心理单调感，如图5-57～图5-59所示。

图5-57 高速公路中央分隔带

图5-58 中央分隔带景观

在布置形式上，考虑车速较快的特点，按沿线两旁不同风光可设计A、B、C三个绿化标准段，每段3～5km，循环交替使用，并在排列上考虑其渐变性和韵律感。为防止病虫害蔓延，A与C段有重复树种，B段则完全不同。

3．互通立交区景观绿化设计

在进行绿化设计时，不可将高速公路孤立起来，整条高速公路的景观绿化应与周围环境相协调，充分利用自然，少一些人工雕凿的痕迹，将高速公路与周边环境作为一个整体，全面考虑，如图5-60～图5-64所示。

图5-59　中央分隔带景观

图5-60　以草坪为基础，给人以视线开敞、气魄宏大的效果

图5-61　中心绿地注重构图整体性，图案寓意深远，使人过目不忘

图5-62　小块绿地采用疏林草地共融的布置形式，种植反映地方特色

图5-63　匝道弯道外侧，诱导出入口行车方向，内侧保证视线通畅

图5-64　进行标志性设计，起到画龙点睛的作用

[案例5-3]　　Quadrangle Architects：伽丁纳高速公路绿带公园设计

Quadrangle Architects公司的设计师Les Klien Principal展示了多伦多伽丁纳(Gardiner Expressway)高速公路的绿色设计方案。这个“绿带公园”项目设计方案是要在高速公路上层建造一条7公里长的绿化带，高速公路下面将增加多个柱子，以支撑这个屋顶式结构。

这条线性的“绿带公园”内将设置步行道和自行车道，公园入口设置在主要的交叉路口，那里会设有斜坡和楼梯。另外，设计师还设想在这个“绿带公园”中安装风力涡轮机和光电板，这样可以为道路供电。

伽丁纳高速公路于1965年投入使用，它连接了多伦多商业区和西郊地区，是一条重要的交通道路，但是同时也是一条丑陋碍眼的道路。最近几年，人们一直在讨论这条高速公路的相关问题：要么完全拆掉它，然后建造地下隧道和地面公路来取代它；要么重新改造它，Quadrangle Architects公司做到了这一点，如图5-65～图5-68所示。

图5-65　伽丁纳高速公路绿带公园设计

图5-66　伽丁纳高速公路绿带公园设计

图5-67　伽丁纳高速公路绿带公园设计

图5-68　伽丁纳高速公路绿带公园设计

案例摘自：景观园林网，作者改编

本章小结

道路建设的意义已经不仅仅是解决交通问题，对道路沿线的土地利用、生态环保、景观旅游等多重因素的综合考虑已成为景观规划设计师面临的新挑战。以道路景观建设为契机，改善城市形象、拓展城市空间、完善城市结构、整合城市功能、提升沿线用地价值以及城市品位等，把单条道路的景观建设与更大范围内的城市综合发展紧密联系起来是本章道路景观设计学习的目的。

思考练习

1．城市道路设计的基本原则是什么？

2．城市道路的设计内容是什么？

3．公路景观结构有哪些部分组成？

4．高速公路景观绿化需要注意哪些内容？

实训课堂

实训课题：挑选一则城市公园案例进行分析。

(1) 内容：从本章所学内容出发，找一份有特色的城市公园案例，分析案例中的设计原则和设计理念。

(2) 要求：案例随意挑选，只需具有代表性即可。

第6章

居住区景观设计

学习要点及目标

了解居住区的基本组成。
学习居住区景观规划的设计要求。
了解居住区规划设计的内容。
能够列举出有代表性的居住区景观设计案例。

核心概念

居住区景观设计　设计要求　居住区景观设计内容

本章导读

居住区通俗上讲就是我们生活中的住宅小区，是我们休息调整状态的场所。居住区是我们一切行为活动进行的基础。人们在经过一天的紧张劳动后都要回归到自己舒心的居住区中休息，补充体力。因此，居住区的规划是否合理，小区内的设施是否完善，小区的安全与应急措施是否到位都影响着人们居住的心情。所以，居住区的景观设计十分重要。本章在简单介绍居住区基本组成的基础上，强调居住区景观设计需要注意的要点和方法。

6.1　居住区构成

居住区规划的各项内容从工程角度分为室内工程和室外工程，但是最终都要落实到具体的用地上。因此，一般的居住区组成指的是居住区的用地组成，如图6-1～图6-4所示。

图6-1　居住区用地组成

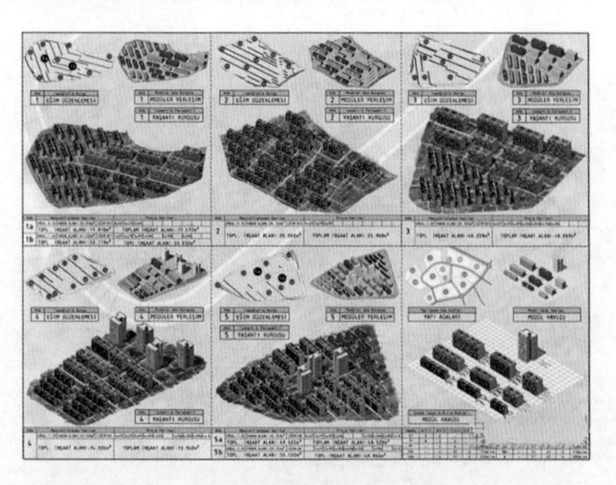

图6-2　居住区用地组成

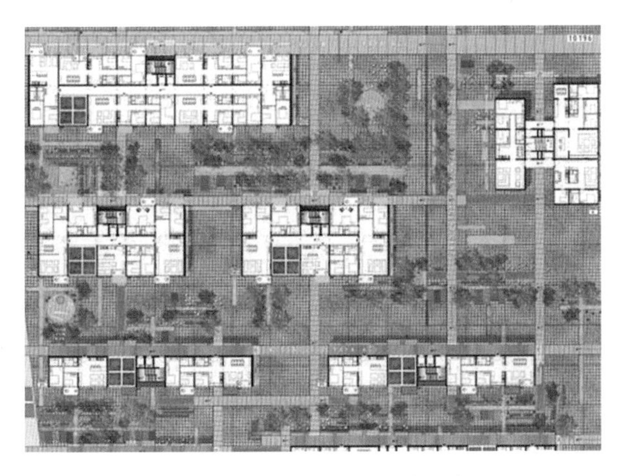

图6-3　居住区用地组成

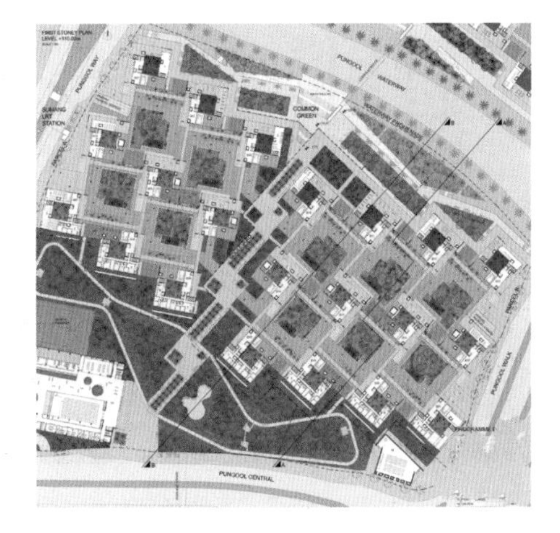

图6-4　居住区用地组成

6.1.1　居住区用地组成

居住区用地包括住宅用地、公共服务设施用地、道路用地和居住区绿地。

住宅用地是指建筑基地占有的用地及其周围必须留出的一些空地，其中包括通向住宅建筑入口的道路、宅旁绿地、储物间等。

公共服务设施用地指居住区各类公共用地和公用设施建筑物及底占有的用地及其周围的专用地，包括专用地种的通路、场地和绿地等。

道路用地指居住区范围内的不属于住宅用地和公共服务设施用地内的道路的路面以及小广场、停车场等。

居住区绿地指居住区公园、小游园、运动场、林荫道、小块绿地、成年人休息和儿童活动场地等，如图6-5～图6-9所示。

图6-5　居住区公园

图6-6　小游园

图6-7　运动场

图6-8　林荫道

图6-9　小块绿地

［案例6-1］　Aboutblank公司在伊斯坦布尔卡雅巴斯住宅设计大赛中获得荣誉奖的住宅设计项目

该项目将住宅用地、公共服务设施用地、道路用地和居住区绿地合理有序地组合在一起，形成了一个具有一定规模的住宅区，如图6-10～图6-12所示。

住宅是由单个模块构成。这个单模块住宅设计了多个私人场地，而且住宅还采用了经济的建筑方法。

建筑主框架旁边有几个木质结构段，用来作为绿色花园的表面。除了这些私人花园外，宽阔的屋顶区也被加以使用，和地面层草坪作用一样，都是居民的公共集会场所。

图6-10　Aboutblank公司在伊斯坦布尔卡雅巴斯住宅设计大赛中获得荣誉奖的住宅设计项目

图6-11　Aboutblank公司在伊斯坦布尔卡雅巴斯住宅设计大赛中获得荣誉奖的住宅设计项目

图6-12　Aboutblank公司在伊斯坦布尔卡雅巴斯住宅设计大赛中获得荣誉奖的住宅设计项目

案例摘自：景观园林网，作者改编

6.1.2 居住区景观的特性

现代的居住区大多成片开发，形成组团或群落。其中住宅是人们的庇护场所，而居住建筑所围合的外部空间则是人们从事交流、休息、锻炼、照顾小孩等各种户外活动的场所。在同一场所，人们的行为目的各异，活动丰富多彩，这些很大程度上反映了居住区景观空间的多功能性、多义性、多元性和空间与时间的多维性、兼容性，这也正是居住区景观的特性。

同时在居住区景观的设计与营造的过程中，小区规划不单是小区功能特性、道路系统等单一的设计，更重要的是小区生态与人文的多重含义的综合设计。将小区景观的特性与各学科相结合，设计出自然与人文相协调的景观空间才是最终的目的。

6.2 居住区景观设计的要求与原则

随着经济的发展和社会的进步，人们对居住区景观的要求不断提高，进而影响到设计师对居住区景观的设计有着更高的追求。在依照住宅景观设计原则的基础上，进一步提升居住区景观设计的层次，使住宅和居住区空间的功能得到最大的实现，是每一个设计师的目标。

6.2.1 居住区景观的规划设计要求

1. 强调景观空间资源的共享性

居住区环境资源的好坏直接影响到居民对住房的满意度，居住区环境资源的均好和共享也列入居民在选择居住区时的考虑范围。所以在规划时，居住区环境的创造不仅要以人为本，尽可能地利用现有的自然环境创造人工景观，还要让所有的住户均匀享受这些优美的环境。其次安全安静、环境要素丰富的院落空间也会让住户的归属感加强，从而营造出温馨、祥和、美丽的居家环境。

2. 强调居住环境的文化性

各地区的文化都有各自的特性，崇尚历史和文化也是近年来居住景观设计的一大特点。利用当地的人文因素加入居住环境的设计有助于传统文化与现代文明相结合，居住环境的风格和特色也得以展现，更能将历史文化通过建筑与环境艺术来得到延续，如图6-13所示。

图6-13 具有历史风格的居住区

3. 强调居住环境的艺术性

设计与艺术从来都是你中有我、我中有你，密不可分。

艺术层次的变化反映审美的需求。20世纪90年代以后，居住区环境景观开始关注人们不断提升的审美需求，呈现多元化的发展趋势，设计风格也越来越多。在注重居住环境的功能性的同时，居住环境的艺术性也越来越重要。居住景观设计逐步不仅为人所用，还要为人所赏。创造自然、舒适、宜人、美观的景观空间，是居住区景观设计的发展趋势。

6.2.2 居住区景观的设计原则

居住区景观设计应该坚持以下原则。

1. 坚持社会性原则

通过美化生活环境，提高生活质量，体现社区文化，让物质文明建设有一个强有力的后期保障，促进人际交往和精神文明建设，更多的让居民在优良环境的陶冶下体现更多的社会价值。

2. 坚持经济性原则

居住区住房的价格近几年一直在不断攀升，这也从侧面反映出我们经济建设的成果。但价格应该体现价值，更应该注重节能、节材在居住区设计中的体现。一味的求贵、求奢华不是居住区景观设计的内在要求。应该顺应市场发展需求和地方经济状况，合理使用土地资源，提倡朴实简约，反对浮华铺张，并尽可能地采用新理念、新技术、新材料、新设备，达到优良的性价比。

3. 坚持生态原则

以破坏环境为目的的景观设计是不提倡的，人类生活居住的地方最重要的一点就是自然生态环境在各要素中的比重。在工业迅速发展的尽头，应该合理利用当地自然条件，尽量保持现存的良好的生态环境，利用新技术改善原有的不良生态环境，增强人们对生态环境的科学认识，实现人类的可持续发展。

4. 坚持地域性原则

不论是在景观设计的哪一门类，因地制宜都是必须坚持的设计原则。各地区的自然环境和人文环境都有自己特点，盲目移植不仅体现不出当地的地域特征，而且对当地的地域文化也起不到传承作用。所以坚持地域性原则是必须的。

5. 坚持历史性原则

历史景观的遗留是历史留给我们的财富，居民景观设计时要尊重历史，保护和利用历史性景观，对于历史保护区的住区景观设计，要注重整体的协调和统一，让历史性景观与居住景观相互融合，提升地区的文化韵味。

[案例6-2] 珠海·云山诗意

珠海·云山诗意位于一片原生湖山中，背倚被誉为珠海龙脉的凤凰山，东面是珠海拟建中的最大生态公园，南面是珠海一中高中部。从风水上来说，水为财，山为背，原生的自然环境更藏风纳水，珠海·云山诗意所处的正是珠海风水宝地。

珠海·云山诗意总建筑面积13万平方米，由8栋16层到30层的高层和小高层组成，建筑上采用板式结构，点式分布，通风、采光方面更符合健康生活的需要。同时观景角度倾斜15度，保证每一户的景观视野无限延展，实现天人合一的和谐生活境界。

珠海·云山诗意在园林上采用坡地立体园林设计，分三重阶梯依地势而建，使景观高低错落，呼应有致。同时园林纳中国百园精粹，精雕细琢3万多平方米私家园林，其中抱鼓石、入户大门、香楠木亭、四象小筑等每一处都有文化渊源。而小区的南端更精心打造了6000多平方米的云山诗意社区公园，使东方哲思园林巧妙的融入生活中。小区里设有会所、游泳池、健身房、阅读室等设施，为业主提供了丰富业余生活的交流平台，如图6-14～图6-25所示。

图6-14　珠海·云山诗意

图6-15　珠海·云山诗意

图6-16　珠海·云山诗意

图6-17　珠海·云山诗意

图6-18 珠海 · 云山诗意

图6-19 珠海 · 云山诗意

06

图6-20 珠海 · 云山诗意

图6-21 珠海 · 云山诗意

图6-22　珠海 · 云山诗意

图6-23　珠海 · 云山诗意

图6-24　珠海 · 云山诗意

图6-25　珠海 · 云山诗意

珠海 · 云山诗意是珠海首个将东方人居智慧融入建筑和生活中的文化楼盘，创造了自然、建筑、文化三位一体的和谐人居新理念，倡导平等、博爱、礼让等东方伦理道德，创造和谐的邻里关系，使人拥有平和的心态，回归自然生活。

案例摘自：景观园林网，作者改编

6.2.3　居住区景观的设计方法

居住区景观的设计包括对自然地理状况的研究和利用，对空间关系的处理和发挥，对居

住区风格、特色的把握。具体有道路的布置、路面的铺装、照明设计、小品的设计、公共设施的处理等。这些方面既有功能意义，又涉及到视觉和心理感受。在进行景观设计时，应该注意整体性、实用性、艺术性、趣味性相结合。具体应该注意的方法体现在以下几个方面。

1. 空间组织立意

居住区景观设计应该根据空间的开放度和私密性组织空间。现代景观园林造型手法诸如对景、尺度、比例、路径、视觉走廊、空间开合等都是通用的。但景观设计必须呼应居住区整体设计风格的主题，硬质景观要同软质景观相协调，如图6-26所示。立意要明确清晰，视觉上的感官应该是舒服、新颖的。

2. 体现地方特征

我国幅员辽阔，自然区域和文化地域的特征相去甚远，居住区景观设计要把握这些特点，营造出富有地方特色的居住环境。同时也要充分利用区域内的各种有利因素，塑造出富有创意和个性的景观空间，如图6-27所示。

图6-26 空间布局相互协调

3. 点线面相结合

点线面是景观设计基本的造型要素。在现代化居住景观设计规则中，传统的空间布局手法已很难形成有创意的景观空间，必须充分利用现代造型手段，构筑全新的空间网络，如图6-28所示。

图6-27 居住区景观设计体现地方特征

图6-28 居住区景观设计运用点线面相结合手法

6.3 居住区景观设计的内容

居住区能塑造人的交往空间形态，依据居住区的居住功能特点和环境景观的组成元素，可以将居住空间把握得更为准确，这就要求设计师对居住区景观设计的内容全面了解。居住区景观设计的内容根据不同的特征可以分为道路景观、绿化种植景观、场所景观、硬质景观、水景景观、庇护性景观、照明景观等。

6.3.1 绿化种植景观

居住区植物的配置应该适应所在地区的气候、土壤条件和自然植被的分布特点，体现地域特点，适应绿化的功能要求，并且要合理配置，常绿与落叶、速生与慢生相结合，构成多层次的复合生态结构，达到人工配置的植物群落自然和谐。另外还要注重种植位置的选择，以免影响室内的采光通风和其他设施的管理维护，如图6-29所示。

图6-29 居住区绿化种植

6.3.2 道路景观

道路作为车辆和人员的汇流途径，具有明确的导向性。居住区内道路景观的设计除了具备功能性以外，常常还要具有观赏性。道路边的绿化种植及路面质地色彩的选择应该具有美观和韵律感。对于各种路型的宽度与坡度设计也要合理，如图6-30所示。

图6-30 居住区道路

6.3.3 场所景观

场所景观包括健身运动场、休闲广场和儿童游乐场。

居住区的健身运动场有网球场、羽毛球场、门球场和室内外游泳池等。健身运动场应该分散在居住区，方便就近使用又不扰民的区域。

健身运动场包括运动区和休息区。运动区应保证有良好的日照和通风，地面宜选用平整防滑，适于运动的铺装材料。室外健身器材要考虑老年人的使用特点，要采取防跌倒措施。休息区应布置在运动区周围，供健身运动的居民休息和存放物品。休息区宜种植遮阳乔木，同时搭配低矮植物、照明等，并设置适量座椅，如图6-31所示。

图6-31 居住区运动场

休闲广场面积应根据住区规模和规划设计要求确定，形式宜结合地方特色和建筑风格。广场周围宜种植适量的遮荫树，设置休息座椅，为居民提供休息、活动和交往的需要。还要设置晚间照明设施，以供晚上进行活动的居民使用。广场铺装以硬质材料为主，形式和色彩搭配具有一定的图案感和美感，不宜采用无防滑措施的光面石材、地砖、玻璃等，如图6-32所示。

儿童游乐场必须避开主要的交通道路，选择安全的区域设置，一般均为敞开式。游乐场周围不宜种植遮挡视线的树木，保持较好的视线，便于成人对儿童的目光监护。儿童游乐场应选择能吸引和调动儿童参与的设施，兼顾美观、色彩可鲜艳并与周围环境相协调。游戏器械的选择和设计应尺度适宜，避免儿童被器械划伤或从高处跌落，可设置保护栏、柔软地垫、警示牌等，如图6-33所示。

图6-32　居住区休闲广场

图6-33　居住区儿童游乐场

6.3.4　硬质景观

硬质景观是相对种植绿化这类软质景观，泛指用质地较硬的材料组成的景观。硬质景观主要包括雕塑小品、围墙/栅栏、挡墙、坡道、台阶、种植容器及一些便民设施等。

雕塑小品与周围环境共同塑造出一个完整的视觉形象，同时赋予景观空间环境以生气和主题，通常以其小巧的格局、精美的造型来点缀空间，使空间诱人而富于意境，从而提高整体环境景观的艺术境界。雕塑应具有时代感，要以美化环境保护生态为主题，体现住区人文精神。尺度比例合乎整体环境，不宜过大也不宜过小。

雕塑在布局上一定要注意与周围环境的关系，恰如其分地确定雕塑的材质、色彩、体量、尺度、题材、位置等，展示其整体美、协调美，如图6-34所示。

雕塑应配合住区内建筑、道路、绿化及其他公共服务设施而设置，起到点缀、装饰和丰富景观的作用，如图6-35所示。特殊场合的中心广场或主要公共建筑区域，可考虑主题性或纪念性雕塑。

图6-34　居住区景观小品

图6-35　雕塑景观

便民设施包括音响设施、自行车架、饮水器、信息标志、垃圾容器、座椅以及书报亭、公用电话、邮政信报箱等。便民设施应容易辨认，选址宜在不混乱和方便易达的地方，如图6-36～图6-39所示。

图6-36　居住区草坪音响设施

图6-37　居住区垃圾容器

图6-38　居住区座椅

图6-39　居住区公用电话亭

居住区信息标志的位置应醒目，且不对行人交通及景观环境造成妨害。标志的色彩、造型设计应充分考虑其所在地区建筑、景观环境以及自身功能的需要。标志的用材应经久耐用，不易破损，方便维修。各种标志应确定统一的格调和背景色调以突出物业管理形象，如图6-40所示。

围栏、栅栏具有限入、防护、分界等多种功能，立面构造多为栅状和网状、透空和半透

空等几种形式。围栏一般采用铁制、钢制、木制、铝合金制、竹制等。栅栏竖杆的间距不应大于 110mm，如图6-41所示。

图6-40　居住区指示牌

图6-41　居住区围栏

坡道是交通和绿化系统中重要的设计元素之一，直接影响到使用和感观效果，如图6-42所示。

台阶在园林设计中起到不同高度之间的连接作用和引导视线的作用，可丰富空间的层次感，尤其是高差较大的台阶会形成不同的近景和远景的效果。为了方便晚间人们行走，台阶附近应设照明装置，人员集中的场所可在台阶踏步上暗装地灯，如图6-43所示。

图6-42　居住区坡道

图6-43　居住区台阶

花盆是景观设计中传统种植容器的一种形式。花盆具有可移动性和可组合性，能巧妙地点缀环境，烘托气氛，如图6-44所示。

树池是树木移植时根球(根钵)所需的空间，一般由树高、树径、根系的大小所决定。树池箅是树木根部的保护装置，它既可保护树木根部免受践踏，又便于雨水的渗透和步行人的安全，如图6-45所示。

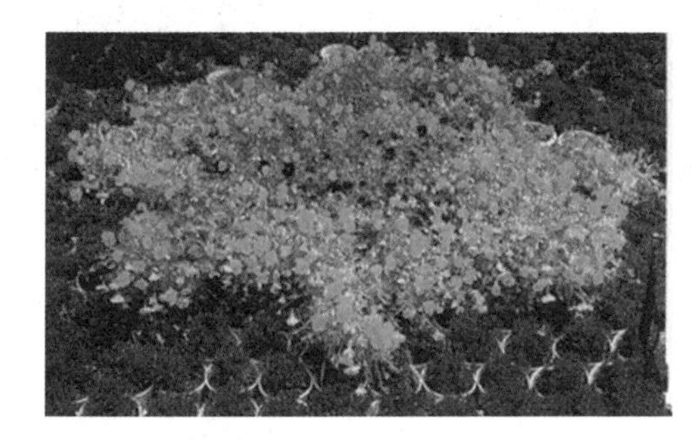

图6-44　居住区花盆景观

图6-45　居住区树池

6.3.5 水景景观

水景景观的设置可以为居民提供亲水环境。水景设计应结合场地气候、地形和水源条件。水景景观主要有自然水景、庭院水景、泳池水景、装饰水景等，如图6-46所示。

自然水景与海、河、江、湖、溪相关联，必须服从原有自然生态景观、自然水景与局部环境水体的空间关系，正确利用借景、对景等手法，充分发挥自然条件，形成的纵向景观、横向景观和鸟瞰景观。自然水景应能融和居住区内部和外部的景观元素，创造出新的亲水居住型态，如图6-47所示。

图6-46 居住区水景景观

图6-47 自然水景

庭院水景通常为人工化水景为多。根据庭院空间的不同，采取多种手法进行引水造景(如叠水、溪流、瀑布、涉水池等)，在场地中有自然水体的景观要保留利用，进行综合设计，使自然水景与人工水景融为一体。庭院水景设计要借助水的动态效果营造充满活力的居住氛围，如图6-48、图6-49所示。

图6-48 庭院水景

图6-49 人工小瀑布

装饰水景不附带其他功能，起到赏心悦目，烘托环境的作用，这种水景往往构成环境景观的中心。装饰水景是通过人工对水流的控制(如排列、疏密、粗细、高低、大小、时间差等)达到艺术效果，并借助音乐和灯光的变化产生视觉上的冲击，进一步展示水体的活力和动态美，满足人的亲水要求，如喷泉，如图6-50所示。

6.3.6 庇护性景观

庇护性景观构筑物是居住区中重要的交往空间，是居民户外活动的集散点，既有开放性，又有遮蔽性，主要包括亭、廊、棚架、膜结构等。庇护性景观构筑物应邻近居民主要步行活动路线布置，易于通达，并作为一个景观点在视觉效果上加以认真推敲，确定其体量大小。

图6-50 装饰性水景

亭是供人休息、遮荫、避雨的建筑，个别属于纪念性建筑和标志性建筑。亭的形式、尺寸、色彩、题材等应与所在居住区景观相适应、协调。亭的高度宜在2.4～3m，宽度宜在2.4～3.6m，立柱间距宜在3m左右。木制凉亭应选用经过防腐处理的耐久性强的木材，如图6-51所示。

廊具有引导人流，引导视线，连接景观节点和供人休息的功能，其造型和长度也形成了自身有韵律感的连续景观效果。廊与景墙、花墙相结合增加了观赏价值和文化内涵，如图6-52所示。

棚架如图6-53所示。

图6-51 亭

图6-52 廊

图6-53　棚架

6.3.7　照明景观

居住区室外景观照明的目的主要有四个方面：一是增强对物体的辨别度；二是提高夜间出行的安全度；三是保证居民晚间活动的正常开展；四是营造环境氛围。

照明作为景观素材进行设计，既要符合夜间使用功能，又要考虑白天的造景效果，必须设计或选择造型优美别致的灯具，使之成为一道亮丽的风景线，如图6-54所示。

图6-54　照明景观

居住区景观设计切合人们的生活需求，是人们追求高层次生活品质的反映。本章从居住区景观设计的原则和方法分别阐述，详细分析了居住区景观设计的内容。对于居住区景观设计有很好的指导作用。

本章节多采用图示和案例的方法进行解读，旨在增加对理论内容学习的理解和掌握，充分消化和吸收，并从出色的知名案例中得到启发。

1．居住区用地由哪些组成?

2．居住区景观设计的要求和原则是什么?

3．居住区景观设计的方法体现在哪些方面?

4．详细分析居住区景观设计的内容?

实训课题：写一份有关居住区景观设计的案例分析。

(1) 内容：从本章所学内容出发，找一份有特色的居住区景观案例，分析案例中的设计原则和设计内容。

(2) 要求：案例随意挑选，只需具有代表性即可。居住区景观设计的内容必须保证3～4个方面。

第7章 庭院景观设计

学习要点及目标

了解庭院的基本组成。
了解庭院的分类。
掌握庭院设计的原则。
了解庭院室外空间布局的功能。

核心概念

庭院景观设计　庭院分类　庭院室外空间

本章导读

经济的发展和社会的进步让人们有更多的机会去追求更好的生活空间和居住条件。美好的居家环境是人们创造社会财富的最佳动力。现在越来越多的人开始关注庭院景观设计，力求居住环境的舒适、便捷、美观。庭院设计在国外多是一些别墅的庭院设计，在国内主要指居住区内部的景观设计。本章从庭院设计的定义、分类设计原则等多方面加以阐述，达到对庭院景观设计的宏观知识体系的认识的目的。

7.1　庭院景观设计概述

庭院设计或者住宅设计主要指建筑群、建筑单体或者建筑内部的室外空间设计，如图7-1所示。随着城市的建设和发展，新建的居住区如雨后春笋般拔地而起。住宅环境的优良与否，也构成了评审居住地生活总体价值的一个重要组成部分。内容丰富、形式多样的室外生活空间能给人们带来愉悦的休息环境，对人们生活艺术的养成也起到了帮助，也让更多人对生活的美有了新的认识。

图7-1　庭院景观

7.1.1　庭院组成

《辞源》中曾讲到：“庭者，堂阶前也”“院者，周垣也”。这对庭院组成有了一个很好的解释，即由建筑与墙围合而成的室外空间，“庭院”二字就构成了庭院空间的基本概念。

在整个建筑空间中，庭院空间是室内空间的调和与补充，是室内空间的延伸和扩展。不管是私人还是公共庭院，都是以人为使用对象，以人的需求为最终目的，为人提供一个休闲娱乐的空间。

庭院一般由前院、住宅和后院组成。

前院一般是住宅的公共环境，它是到达住宅及其入口的一个公共区域。从景观学角度考虑，前院为街道欣赏住宅提供了一个“背景”。它是住宅主人以及亲戚、朋友和其他拜访者进入住宅的重要通道，它是进入住宅的前奏，如图7-2所示。

住宅，常常指我们所说的“家”。其建筑风格往往由住宅主人的个人偏好决定。

后院是容纳多种活动的场所，也是设计变化最多的地方。后院功能很多，可以接待客人，进行娱乐活动、休憩、读书写作等，如图7-3所示。

图7-2 前院

图7-3 后院

7.1.2 庭院分类

庭院根据设计的不同大致可以分为三种：自然式庭院、西式庭院和混合式庭院。其中，自然式庭院，无论从风格还是植物的搭配摆放都是以回归自然为设计理念，中国古典庭院多以此来设计。西式庭院又称规整式庭院，多是人为的景观。混合式庭院则是综合以上两种庭院的特点来设计完成的。

由于世界地域范围的广阔，造就了不同的地域文化，那么庭院设计也是这些文化的表现者，下面从德式、美式、日式、英式以及中式五大庭院类型来分别介绍不同的庭院风格和设计特点。

1. 德式庭院

德式庭院的风格可以用五个字来概括，即精巧如版画，如图7-4、图7-5所示。歌德曾说过：德意志人就个体而言十分理智，而整体却经常迷路。理性与严谨是德意志民族的突出特点，从20世纪初的包豪斯学院到后来的现代主义运动，都可以深切地体会到德国人深沉、稳重，充满理性主义色彩的特点。

图7-4 建于1907年的德式建筑，现为淄矿集团党委办公楼

图7-5 德式庭院人为痕迹重，突出线条，讲究设计和搭配

［案例7-1］ Anne Menke：德国哈梅恩某Siedlungshaus改造设计

地点：德国哈梅恩(Hameln)

建造年份：1957年

面积：1550平方米

住宅面积之前/之后：124平方米/284平方米

总建筑面积：364平方米

年供热量要求：74 kWh/m^2.a

项目年份：2009年

概念：我们从这种逐渐减少的“Siedlungshaus”中看到潜力，于是决定重建这个住宅，并借此机会建造一个新的与现有住宅形成鲜明对比的附属区域。新的区域有110m^2，围绕在旧屋周围。修建了新的庭院，带有顶棚的阳台，变化的空间结构，使房屋内部和外部完美地融合，意想不到的景观使房屋看起来开阔、有趣，同时也不失必要的隐蔽性。

重建之后，这座旧式的“Siedlungshaus”几乎认不出来了，但是它同周边的房屋仍能很好地融合在一起。旧屋的墙体刷成了白色，同新建的附属区域彼此之间可以很好地呼应。屋顶的边缘用折叠的铜条形成了新的形状，同白色石膏墙壁平齐。

内部空间：旧屋一楼的居住面积有75m^2，完全重建使空间比例更加清晰、协调。入口处不变，但在外面增加了一条水泥小道。入口厅、客用洗手间、书房、厨房以及用餐区都设在一楼。

客厅建在房屋新的区域，屋内新建了一个橱柜墙，提供了储物空间。一个大的推拉式门将卧室和庭院相连接。庭院是整个住宅最大的“房间”，露天阳台的一部分加盖了顶棚。

旧屋后面的三个房间现在连接在一起，形成了一个新的书房。卧室里的大窗户面向着花园，更衣室同庭院的内部相连接。旧屋的楼上一层被完全翻新，建了一个带有浴室的客房，及一个可以通向阁楼的瑜伽练习室。

地板装上了新的黑色瓷砖，所有的墙刷成了白色。旧式的楼梯保留在其边上，安装了曲线式的扶手。所有的窗户都装上了隐蔽的窗框及窗台，颜色明亮的黄色滑动门、红色油布、带有桔色浴盆的客用洗手间以及古董石制器皿，同简单的白色内置家具形成了鲜明的对比。与旧屋不同的是，新的区域使用了自然暖色调。

因为这座房屋在1957年就已存在，所以我们大胆地对房屋的外围及其服务设施进行了改建。外部墙壁上覆盖了用金属纤维板制成的综合热能隔离系统，窗户使用了高标准的木铝材料。而原有的屋顶结构得到了保留，但将椽的厚度加倍，为厚的隔离层提供了更多的空间，安装了新的用绝缘材料和电镀铜做成的天窗。

所有这些特点使得这个房屋的年供热量非常低，只需要74kWh/m^2.a，整个房子安装了地板采暖系统。新的区域的房顶种有绿色植物，雨水被收集在一个蓄水池中，可以再利用，如图7-6～图7-12所示。

图7-6 德国哈梅恩Siedlungshaus改造设计

图7-7 德国哈梅恩Siedlungshaus改造设计

图7-8 德国哈梅恩Siedlungshaus改造设计

图7-9 德国哈梅恩Siedlungshaus改造设计

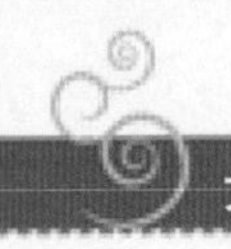

图7-10　改造之前

图7-11　德国哈梅恩Siedlungshaus改造设计

德式庭院的建筑尊重生态环境，景观设计往往从宏观的角度去把握，不断地对景观进行理性的分析。简洁的几何线、形、面的对比表现出严格的逻辑和清晰的观念，这种理性透出了质朴的天性，表达了德意志民族对自然的热爱，而人工痕迹的表达，则带给人人工冲突的美感和印象。

图7-12　德国哈梅恩Siedlungshaus改造设计

案例摘自：景观设计网，作者改编

2．美式庭院

美式庭院可以说是一幅豪放、浪漫的油画，特点是简约大气。美国人民天性自由奔放，性格自然纯真、朴实而充满活力。所以我们从美式庭院往往能感受到他们那种率真、自由、快乐的特质。美国人民把森林、草原、沼泽、溪流、灌木、参天大树引入到生活中，引入到建筑和设计中，草坪、灌木、鲜花也从来都是不可或缺的元素，如图7-13、图7-14所示。

图7-13　美式庭院

图7-14　美式庭院

[案例7-2]　　美国：现代田园乡村住宅

风景迷人的住宅是那些想要远离城市繁闹嘈杂生活的人们的天堂。Kaweah Falls就是一座现代田园乡村住宅，它建造在美国红杉国家公园附近，围绕着美丽的三河。三河是红树林的入口，这里是大自然爱好者、徒步旅行者、越野滑雪者、爱好乘独木舟的人以及漂流者的天堂。

住宅占地面积3000平方英尺，共有4个卧室、4个浴室、2个厨房和各式各样的甲板和阳台，全都朝着美丽的三河建造。此外，这里还有一个独立式的车库，里面有办公室、平台，能够看到河流的美丽景色。

建筑内部和外部都是绿色环绕，在这座住宅里面生活，就像是真正生活在大自然中一样，鲜花的芬芳、清新的空气、潺潺的流水，大自然一切美丽的自然变化在住宅中都能够感受的到，如图7-15～图7-18所示。

图7-15　美国现代田园乡村住宅

图7-16　美国现代田园乡村住宅

图7-17　美国现代田园乡村住宅

图7-18　美国现代田园乡村住宅

美国人对自然的理解是自由、活泼的，现成的自然景观往往会是其景观设计表达的一部分，自然、热烈而充满活力。美国人异想天开的戏剧能力也使其在庭院住宅方面得以展现，设计依托自然，得天独厚的自然景观，加上人工塑造成为了庭院中美丽的场景，如图7-19、图7-20所示。

图7-19 美国现代田园乡村住宅

图7-20 美国现代田园乡村住宅

案例摘自：景观设计网，作者改编

3．日式庭院——洗练素描

日式庭院是一幅洗练素描，简练而精于细节。日式庭院受中国文化的影响很深，很多地方的设计都是中式庭院的缩影。日本独特的地理特征也为庭院景观设计提供给了单纯、凝练的自然景观。

另外，日式庭院最精彩的的地方在于它在细节上的处理，我们常说的日系风格就是注重自然、简单、精致，它的平和、安静、隐忍、守慎会让人感受到心灵的安宁，如图7-21、图7-22所示。

图7-21 日式庭院

图7-22 日式庭院

日式庭院常以碎石、残木、鲜花来作为元素设计，小巧精致又赏心悦目，如图7-23所示。

图7-23　日式庭院

[案例7-3]　日本：枯山水庭院

枯山水庭院是源于日本本土的缩微式园林景观，多见于小巧、静谧、深邃的禅宗寺院。在其特有的环境气氛中，细细耙制的白沙石铺地，叠放有致的几尊石组，就能对人的心境产生神奇的力量。它同音乐、绘画、文学一样，可表达深沉的哲理，而其中的许多理念便来自禅宗道义，这也与古代大陆文化的传入息息相关。

公元538年，日本开始接受佛教，并派一些学生和工匠到古代中国，学习内陆艺术文化。13世纪时，源自中国的另一支佛教宗派"禅宗"在日本流行，为反映禅宗修行者所追求的"苦行"及"自律"精神，日本园林开始摈弃以往的池泉庭院，而是使用一些如常绿树、苔藓、沙、砾石等静止不变的元素，营造枯山水庭院，园内几乎不使用任何开花植物，以期达到自我修行的目的。

因此，禅宗庭院内树木、岩石、天空、土地等常常是寥寥数笔即蕴涵着极深寓意，在修行者眼里它们就是海洋、山脉、岛屿、瀑布，一沙一世界，这样的园林无异于一种"精神园林"。后来，这种园林发展臻与及至——乔灌木、小桥、岛屿甚至园林不可缺少的水体等造园惯用要素均被一一剔除，仅留下岩石、耙制的沙砾和自发生长与荫蔽处的一块块苔地，这便是典型的、流行至今的日本枯山水庭院的主要构成要素。而这种枯山水庭院对人精神的震撼力也是惊人的。

顾名思义，"山水"必有山有水，而"枯"则表示干枯，二者合在一起，看似矛盾，殊不知，那是日本最具特色的一种造园形式。所谓枯山水，就是没有真的山和水，几块大大小小的石头点缀在一片白沙之中，白沙表面梳耙出圆形和长形的条纹，

看上去耐人寻味。欣赏时，需坐在庭前的过道上，慢慢观望，细细琢磨，才能逐渐心领神会。简而言之，那石头代表山、岛屿以及船只，白沙代表水，沙上的条纹则代表水的波纹。整体来说它就是一个有山有水有船的微型景观世界。

“枯山水”庭院属于禅宗庭院。禅是一种从人自身内部而不是外部寻求真理的信仰，禅僧一无所有，过着简朴的生活，他们每天都要久久地面壁冥想，以求达悟。“枯山水”庭院最初是为他们修行而设计的。空落落的庭院，只有黑糊糊的岩石孤零零地立在一片耙过的白沙地上，即使是走马观花的游客，到了这里也会身不由己地静坐下来，让思绪来一次任意的展开。

15世纪建于京都龙安寺的枯山水庭院是日本最有名的园林精品，如图7-24所示。它占地呈矩形，面积仅330平方米，庭院地形平坦，由15尊大小不一的石头及大片灰色细卵石铺地所构成。石以二、三或五为一组，共分五组，石组以苔镶边，往外即是耙制而成的同心波纹。同心波纹可喻雨水溅落池中或鱼儿出水。看是白沙、绿苔、褐石，但三者均非纯色，从此物的色系深浅变化中可找到与彼物的交相谐调之处。而沙石的细小与主石的粗犷、植物的“软”与石的“硬”、卧石与立石的不同形态等，又往往于对比中显其呼应。因其属眺望园，故除耙制细石之人以外，无人可以迈进此园。而各方游客则会坐在庭院边的深色走廊上——有时会滞留数小时，以在沙、石的形式之外思索龙安寺布道者的深刻涵义。

图7-24　日本枯山水庭院

你可以将这样一个庭院理解为河流中的岩石，或传说中的神秘小岛，但若仅从美学角度考虑亦堪称绝作；它对组群、平衡、运动和韵律等充分权衡，其总体布局相对协调，以至于稍微移动某一块石便会破坏该庭院的整体效果。由古岳禅师在16世纪设计的大德寺大仙院的方丈东北庭，通过巧妙地运用尺度和透视感，用岩石和沙砾营造出一条“河道”。这里的主石，或直立如屏风，或交错如门扇，或层叠如台阶，其理石技艺精湛，当观者远眺时，分明能感觉到“水”在高耸的峭壁间流淌，在低浅的桥下奔流。

江户时期，日本庭院中出现了以低矮灌木为主景的修剪式枯山水，其中，以17世纪滋贺县的大池寺庭院为代表作。它将杜鹃灌木丛修剪为几何形体，象征一艘“船”在波浪中航行，从而展现了一幅禅宗海景图。

同样位于京都的东福寺方丈北庭是日本昭和时代的枯山水庭院，如图7-25、图7-26所示。它虽然建于20世纪二三十年代，却仍然遵循古代的禅宗法则。其最具特色的是，这一庭院中，由苔藓和石块构成棋盘似的小方块，宛如退潮时海岸边的泡沫。它以一条曲线收边，边缘处种以成片的低矮灌木丛，配上星星点点静静开放的杜鹃花，给宁静的庭院添了几分生气。

图7-25 日本枯山水庭院

图7-26 日本枯山水庭院

日本禅宗的空灵能造就日本庭院清远结合的景观，显示出静穆、深邃、幽远的境界。同时日本人精于雕琢的性格更能赋予景观细致的美。草是经过梳理精心种在石缝中和山石边的，树是刻意挑选、修剪过的，置于园中，无时无刻都能感受到庭院内人工自然的纯净与魅力。

案例摘自：设计之家网，作者改编

4．英式花园

悠久的历史使英国式花园保留了许多古老的传统园艺，有着浓郁的乡村风格，就连颜色的选择方面也深受其影响。齐整的建筑、绿色的环境，让观者流连忘返，叹为观止，如图7-27、图7-28所示。

早在18世纪，英国经过工业革命走在了经济发展的前列，同时也造成了环境的污染。现在的英式花园追求自然，渴望一尘不染，渴望新鲜的空气和纯天然的生活空间。

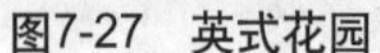

图7-27　英式花园

图7-28　英式花园

[案例7-4]　　英国：东萨塞克斯郡的大迪克斯特豪宅

这座美丽的大花园位于东萨塞克斯郡一个叫作Northiam的小镇，是从一栋古老建筑扩建而来的。而这栋建筑的雏形则可以追溯到1464年，由著名建筑师埃德温·拉汀斯爵士帮助修建，是很多园艺爱好者梦中的花园。园丁们留下了宝贵的签名，保留至今。太阳园是这座庄园中最具典型特征的，里面的一年生植物和多年生植物都是扩建者亲手种下的，如图7-29、图7-30所示。

图7-29　英国：东萨塞克斯郡的大迪克斯特豪宅

图7-30　英国：东萨塞克斯郡的大迪克斯特豪宅

案例摘自：新华网，作者改编

[案例7-5]　　英国：德雷顿花园

德雷顿花园位于英国伦敦的切尔西，四周有玻璃包围，里面种植了很多的植被，如百合、竹木等。由于德雷顿花园位于房屋较低处，由下而上设置了沙石小径，上面铺硬木材质面板，看上去美观，整洁，如图7-31～图7-35所示。

图7-31　德雷顿花园

图7-32　德雷顿花园

图7-33　德雷顿花园

图7-34　德雷顿花园

图7-35　德雷顿花园

案例摘自：景观园林网，作者改编

5．中式庭院

“崇尚自然，师法自然”是中国园林艺术遵循的一条不可动摇的原则。中式庭院秉承浑然天成、含蓄内敛的思想，将园林建筑、山水、植物等融为一体，创造出与自然环境协调共生、天人合一的艺术综合体，如图7-36所示。

中国庭院中最具参考性的是受文人画影响的江南私家园林——苏州拙政园。园林内亭台参差、廊坊婉转，衬托出主人的超凡脱俗和自然风趣，如图7-37所示。

图7-36　中式庭院

图7-37　苏州拙政园

[案例7—6]　紫庐中式别墅

紫庐隐身于500万平方米亚奥绿化带之中，实乃亚运村上风上水之地；鸿华、馨叶、姜庄湖三大高尔夫球场环抱，北临天安门招待所，东、西两侧均临都市绿化带，环境上佳；地处北四、北五环之间，东接京承高速路，东北片刻即达首都机场高速路，西承八达岭高速公路。紫庐隐逸在森林之地，与亚运村近在咫尺，驶出静界，片刻四通八达。

北京的传统住宅大多由四栋或以上房屋围合成院，称为四合院。品味紫庐，无论是风格传统、工艺考究的门楼，还是自成天地、隐逸私密的私家庭院，甚或是精而合宜、巧而得体的雕花装饰，无不呈现出罕有的大家之气。

中国传统自然山水园林，追求平和、宁静的氛围，建筑不求华丽，环境色彩讲究清淡雅致，力求创造一种与喧嚣城市隔绝的世外桃源。于是造园者经过概括与提炼，对自然形象进行再创造，采石堆山，穿插不同形式的楼阁、亭榭、画舫、曲廊……将古木一株，翠竹一丛，堆石一处，适宜布局，得当安排，从中以小见大，构成了一个个巧夺天工的山水园林。紫庐以“山、水、树、石”为主题的系列景观，丈量出中国传统自然山水园林的写意境界。园区之精致与清雅，在淡淡的茶香与竹风中，愈发引人入胜，如图7-38～图7-41所示。

图7-38　紫庐中式别墅

图7-39　紫庐中式别墅

图7-40　紫庐中式别墅

图7-41　紫庐中式别墅

案例摘自：景观园林网，作者改编

7.1.3　庭院景观设计应遵循的原则

无论是中式庭院还是西式庭院，都要遵循一定的原则方能设计出符合大众审美的景观作品。庭院设计应遵循以下几点原则。

1. 均衡原则

均衡即为平衡，是人对其视觉中心两侧及前方景观物具有相等趣味与感觉的分量。如视觉前方是一对体量与质量相同的景物，如两列树木或门上的两个把手，观者即会产生平衡感，如图7-42所示。如果失了平衡感，便会让景观作品失色，也令居住者心理失衡，造成视觉上的不舒服。

图7-42　庭院中的对称设计

2. 比例原则

设计任何作品都要讲究比例，大到局部与全局的比例，小到一草一木，都要考虑单个物体与整个环境的尺度平衡。一旦失去比例，便会打破事物原有的尺度在心中的比例，同样也会造成视觉上的美感和实际使用功能的矛盾。

3. 韵律原则

韵律是庭院设计艺术感的体现，注重韵律美，会让庭院显得独树一帜，增强庭院的观赏功能，如图7-43、图7-44所示。

图7-43　草坪中石块的放置体现韵律感

图7-44　云墙独特的韵律

4．对比原则

对比是把两种相同或不同的事物或性格作对照或互相比较。在各类景观艺术中均引为艺术手法之一。如设计庭院形象时，为了突出和强调园内的局部景观，利用相互对立的体形、色彩、质地、明暗、空间等相互映衬，造成强烈的视觉效果，给人以鲜明的审美情趣。

5．和谐原则

和谐又称谐调、调和是指庭院内景物在变化统一的原则下达到色彩、体形、线条等在时间和空间上都给人一种和谐感。

6．质地原则

质地是指园景中生物与非生物体表面结构的粗细程度，以及由此引起的感觉。大自然中的美无处不在。运用不同质感的或相称或对比，会造成不同的表现效果。质地美也是到处可见，如质朴的木地板、细软的草坪、光润的顽石、深绿色均匀而细腻的青苔等，无不投射出质感的美丽，令人心情愉悦，如图7-45所示。

图7-45　庭院中的草坪质地柔软亲和

[案例7-7]　　华盛顿西雅图山顶住宅设计

这个项目的建筑是一个简洁、理性的中世纪现代住宅，开阔通透。它表达了一种现代的生活方式。通透明朗的设计，依偎在宁静自然的环境中。客户对于现代自然的生活方式的要求在这一项目中得到了很好的体现，如图7-46所示。

图7-46　华盛顿西雅图山顶住宅设计

“整个项目的创新虽然很少，却照样给我们带来惊讶和感动。我们非常喜欢它的比例和现代形式之间的关系处理。如果设有最佳植被设计奖这个奖项的话，它可以获得这个奖。它的设计让你有一种非常想去那里的想法，”2009年ASLA专业奖评审团。

通过天衣无缝的设计，汽车房和住房就组合在了一起。这是入口，其结构设计很隐蔽。低吊顶的吊板躲在巨大的冷杉下，长廊外的藤枫也增加了私密感，如图7-47所示。

老树、蕨、岩石、石块面路，与车库汽车入口连接成一个整体。建筑紧紧依偎粗大的树干形成巨大的地面投影，如图7-48所示。

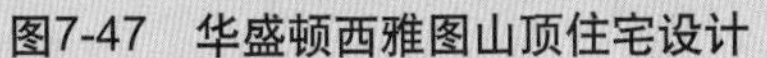

图7-47　华盛顿西雅图山顶住宅设计

图7-48　华盛顿西雅图山顶住宅设计

冷杉的另一侧开辟了一条小道，参观者可以步行入内，进一步探寻里面的景致，如图7-49所示。

通过设计，轻便简洁的天篷和车库与冷杉相得益彰，在这多荫隐蔽的小空间里，繁茂的地被植物如同天然生长的森林地被，如图7-50所示。

图7-49　华盛顿西雅图山顶住宅设计

图7-50　华盛顿西雅图山顶住宅设计

石板路切割得如同手术般精致，切割得如同“剃须刀刀锋”般的花岗岩竖立在石板路旁，以阻隔地被植物的打扰，如图7-51所示。

图7-51　华盛顿西雅图山顶住宅设计

毛茸茸的苔藓和地钱长在湿湿的大岩石上，生机盎然，如图7-52所示。

在房子中，小路与泳池相连。植被被渗透出来的水滋润得枝繁叶茂。透过屋内的小窗可以看得到远山的景色，如图7-53所示。

图7-52 华盛顿西雅图山顶住宅设计

图7-53 华盛顿西雅图山顶住宅设计

自车库开始，屋顶的单面倾斜度越来越高，这使得主人可以在居住空间获得更大的视野。花岗岩的小径顺着地势而下，如图7-54所示。

宽敞的大落地玻璃紧挨露台。混凝土路面、花岗岩、不锈钢、阔叶木各种植物融合在一起，形成这个干净舒适的露台，如图7-55所示。

图7-54 华盛顿西雅图山顶住宅设计

图7-55 华盛顿西雅图山顶住宅设计

与入口遮阴处的植物形成鲜明的对比的是这些喜好阳光的植物，它们芬芳四溢地围绕着石头。

案例摘自：景观园林网，作者改编

7.2　庭院室外空间

庭院设计的重点在于室外空间的设计。室内空间由地面、屋顶、围墙组成；室外空间可以采用一定的材料组织构成。良好的室外空间可以看成是室内空间的自然延伸，可以得到和室内空间一样的有效利用。室外空间的布局规划相对于室内空间发挥的余地更大，可以借助自然景物、墙体、围栏等元素进行布置。

7.2.1　室外空间

室外空间通俗意义上是指除围合空间外的所有空间。这里讲的室外空间是单指庭院范围下的，如7.1.1节中提到的前院、后院的空间。可以把它理解为类似于住宅内部房间一样的室外房间。房间由地板、墙壁、天花板来界定，形成一种围合的感觉。室外空间同样存在地面、墙壁，只是天花板是天空而已。组成室外空间的素材与室内空间不同，要靠我们依据喜好来筛选和组织设计，创造出舒适优美的室外空间。

7.2.2　庭院室外空间布局的功能

庭院室外空间是人们活动的主要场所之一，不同的设计造成室外空间的布局不同，但庭院室外空间的功能性是相同的，这里以中式庭院四合院为例，简单介绍一下庭院室外空间的功能。

空间聚合功能：庭院式布局利用单体建筑相互联结，庭院空间起到了栋与栋之间的联系作用，使得同一庭院内的各栋单体建筑在交通联系上、使用功能上联结成一体，如图7-56所示。

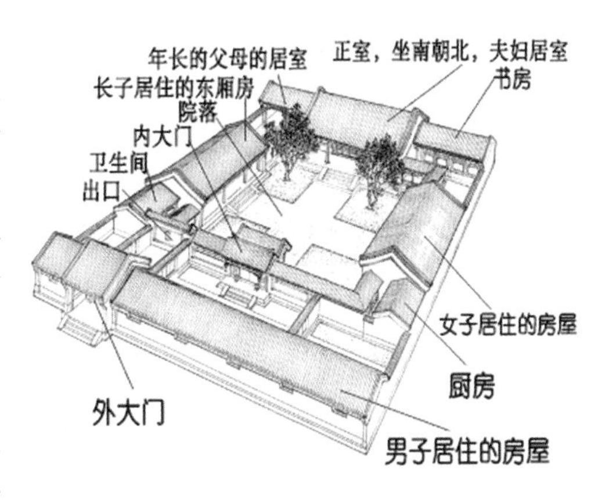

图7-56　庭院的空间聚合功能

气候调节功能：利用冬夏太阳入射角的差别和朝夕日照阴影的变化，庭院天井与廊檐的结合，可以取得良好的遮阳、纳阳、采光效果。顶界面露天通透，与敞厅等组成效能很高的通风系统。因此，庭院充分发挥了建筑组群内部的小气候调节作用，如图7-57所示。

场所调适功能：庭院还是组群内部渗透自然、引入自然的场所，具有调适自然生态和点缀自然景观的功能，如图7-58所示。

图7-57　庭院的气候调节功能

图7-58　庭院的空间调适功能

审美怡乐功能：重重庭院的串联形成组群空间的纵深延展序列，建筑空间的起、承、转、合，与自然景观的有机交融和渗透，无不体现庭院的乐趣与美感，如图7-59、图7-60所示。

图7-59　庭院的序列感

图7-60　庭院的空间之美

本章小结

本章从庭院的组成、分类及设计原则等方面详细介绍了庭院景观设计的一般内容。运用图片和案例进行解读，对于掌握庭院设计需要注意的问题和知识体系有一定的帮助，能够根据本章所述对庭院设计有一个宏观的把握与认识，并能以此设计出优良作品，那么对所学内容必须深度的再加工，对经典的设计案例反复解读，做到吸取精华，变为己用，并能深刻总结出庭院设计的一般规律和设计理念，这也是我们学习庭院设计的最终目的。

思考练习

1．庭院由哪些组成？
2．庭院有哪些分类？
3．庭院设计的原则体现在哪些方面？
4．详细分析庭院设计的空间布局有哪些功能？

实训课堂

实训课题：举例分析庭院的类别及设计特点。

(1) 内容：从本章所学内容出发，分别找出对应的庭院设计案例，分析案例中的设计特点。

(2) 要求：案例随意挑选，只需具有代表性即可。

第8章

城市开放空间景观设计

学习要点及目标

了解城市广场、城市公园、城市商业步行街的起源与发展。
了解城市广场和城市公园的分类。
掌握城市广场、城市公园和商业步行街的设计原则。
能够列举出有代表性的城市开放空间景观设计案例。

核心概念

城市广场　城市公园　城市商业步行街

本章导读

城市开放空间一般指城市居民日常生活和公共使用室外空间，包括街道、广场、居住区户外绿地、公园及公共绿地等。城市开放空间是人们活动的主要聚集地，不但给城市居民提供了娱乐休闲的空间，也是交通、休憩、文化教育等多种职能的载体，同时有利于提高城市的活力。开放空间景观上的价值也是不可忽视的，我们对一个城市风貌的印象大多数都是来源于城市的开放空间。本章主要从城市广场、城市公园、商业步行街等三方面进行景观设计的介绍。

8.1　城市广场景观设计

城市广场是为满足多种城市社会生活需要而建设的，由多种软、硬质景观构成的，具有一定规模的城市户外公共活动空间，是人们政治、文化活动的中心，也是公共建筑最为集中的地方，如图8-1所示。城市广场不仅是一个城市的象征，也是一个国家历史与文化的承载者。一个城市想要让人喜爱、流连忘返，必须具有独具魅力的广场。因此，规划设计好城市广场，对提升城市形象，增强城市吸引力有巨大的作用。本节主要讲述城市广场的概念、起源、分类、设计注意的问题论述城市广场的重要性。

图8-1　城市广场

8.1.1　城市广场的概念

图8-2　美国华盛顿国家住宅和城市发展部(HUD)广场

美国著名景观地理学家约翰·布林克霍夫·杰克逊在1985年是这样定义广场的：将人群吸引到一起进行静态休闲活动的城市空间形式，其主要功能是散步、闲坐、用餐或观察周围世界。人本主义城市规划理论家凯文·林奇也说道：广场位于一些高度城市化区域的核心部位，被有意识地作为活动焦点，通常情况下，广场经过铺装，被高密度的构筑物围合，有街道环绕或与其连通，它应具有可以吸引人群和便于聚会的要素。《人性场所》用大段文字来表述的观点是：广场是一个主要为硬质铺装的、汽车不能进入的户外公共空间，其主要功能是漫步、闲坐、用餐或观察周围世界。与人行道不同的是，它是一处具有自我领域的空间，而不是一个用于路过的空间。当然可能会有树木、花草和地面植被的存在，但占主导地位的是硬质地面；如果草地和绿化区域超过硬质地面的数量，我们将这样的空间称为公园，而不是广场。

众多观点无一例外的表明城市广场是城市居民社会生活的中心，是城市不可或缺的重要组成部分。城市广场具有居民游览休息、集会、交通集散、商业服务及文化宣传等功能，如图8-2所示。

8.1.2　广场的起源与发展

追溯人类文明的发展史，我们可以看到早在远古时期就有了广场的雏形。在早期人类社会，人类的生活与发展完全依附于大自然，但是人类的聪明和智慧也在那时显示出来。环形村落、用于氏族会议、节日庆典、供奉祭祀、宗教议事的广阔空地，广场在这时开始已经在酝酿之中了。这时候的广场尚不具有人工化的美观，功能也比较单一，没有专门的设计，处于一种自然状态的空间围合。

图8-3　希腊德尔菲神庙

世界地域辽阔，不同的地理条件形成了不同的文明体系，并对广场的形成产生直接或间接的影响。最早的广场出现于公园8世纪古希腊的城邦国家中，各种用于供奉祭祀和宗教仪式的神庙是城市中突出的景观；埃及文明突出的景观是城市外围的金字塔陵墓和神庙。这些神庙周围开阔的场地是附属于神庙的，我们可以理解为这是国家出现之后形成的“广场”，如图8-3所示。

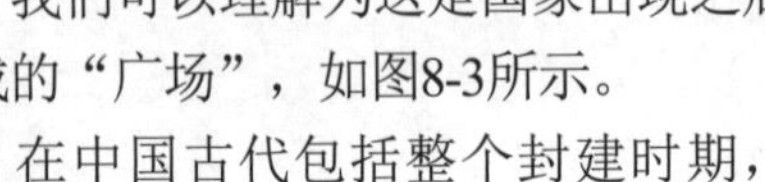

在中国古代包括整个封建时期，“广场”或“似广场”有两类：一是由园林院落空间发展而成的；二是结合交通、贸易、宗教活动之需的城镇空地。与欧洲的城市广场概念是有一定差距的。

公元4世纪以后，欧洲的城市慢慢变成由私人住宅区、神庙区以及进行政治集会、商业活动、演出等活动的公共区域。其中广场和剧场等公共区域是城市的特别设置，用于大部分居民参加集会。

西方城市的广场在外观和功能上经历了从简单到多样化的过程。公元7世纪中叶以后，广场经历了一个发展缓慢的时期，环地中海统一的罗马文化被伊斯兰文化取代，伊斯兰文化的特征之一就是家庭生活的绝对秘密化，这也就意味着，城市的布局之间是不能相互交流的。罗马时期遗留下来的广场被看成是若干街道联系起来的空间，仅有的广场只是为伊斯兰文化活动服务的，如大马士革的清真寺广场。这个时期一直持续了 5 个世纪左右。

13 世纪城市开始重新繁荣。城市广场成为城市的中心，如威尼斯的圣马可广场(见图8-4)、布吕革的城堡广场。同时，用于公共活动的集市广场也开始有计划地兴建，如纽伦堡老城区改建为新的集市广场并建立了相应的公共建筑。这个时期大多数的城市广场依附在教堂附近，依然余留着宗教的影子。

图8-4　圣马可广场

文艺复兴以后，自由主义的光辉开始普及，人类思想得到解放，经济、文化、建筑学和建筑思想得到了进一步的发展，城市也开始得到大规模的扩建和改建。其中重要的内容就是城市广场建设，如弗拉拉的阿里奥斯蒂广场、巴黎的皇家广场、多菲纳三角广场、半圆形的法兰西广场。

从文艺复兴以后直至资本主义早期，西方的城市广场随着城市在 18 世纪一起进入近代发育时期。这个时期城市广场发展具有了经济和技术的基础。城市广场具有以了下特点：广场建设的计划性；形式的多样性；脱离教堂和市政厅，由宗教政治中心向政治经济中心转变；缺少广场的绿地设计。

工业革命以后，蒸汽时代带动工业文明，世界人口急剧增加，城市化进程的不断加快，随之出现了一系列的城市问题，如城市大气、水污染、城市规模不合理、布局不合理等导致城市景观和城市环境质量下降，使人们开始重新面对城市的发展问题。一系列的城市规划家开始应运而生，通过各种调整、改建和规划来提高城市整体的发展水平，其中城市广场也成为改善城市景观的一项主要内容。

由于受经济发展水平和民族文化的影响，中国的广场在20世纪90年代以前形式比较单一，只有交通广场、政府大厦广场、政治集会广场等几种基本类型。

城市广场能体现一个城市的道路文化和活力，可以使每个居民感受到城市人的归属感和向心感，广场也凝聚了城市中的每一个居民。在经济全球化的今天，城市广场的建设已经趋向于市民化、商业化、多样化的趋势，城市广场景观设计开始越来越被重视，其无论在形式、外观还是功能上都必须满足现代城市社会、经济发展的需要。

8.1.3 城市广场的分类

城市广场经历历史的变迁，衍变出许多的形式和类型，按照广场构成要素分析可分为建筑广场、雕塑广场、水上广场、绿化广场等；按照广场的等级可分为市级中心广场、区级中心广场和地方性广场(如居住街区广场、重要地段公共建筑集散广场和建筑物前广场)等。按照广场的功能可分为集会游行广场(其中包括市民广场、纪念性广场、生活广场、文化广场、游憩广场) 、交通广场、商业广场等。这些广场类型的功能不是绝对的，每一类广场都或多或少具备其他类型广场的某些功能。因此，城市广场的的分类只是在一般意义上进行的大体划分，是相对的。

(1) 集会游行广场。这类广场一般设置在城市的中心，属于中心广场，有足够的面积，并有合理的交通组织干道，便于人流集散需要。例如，北京天安门广场、上海市人民广场、昆明市中心广场和前苏联莫斯科红场等，均可供群众集会游行和节日联欢之用。

这类广场绿化的特点是沿周边种植，以免妨碍广场的通透性。节日时可种植草坪、花坛装饰广场，起到烘托节日气氛，便于游览的作用，如图8-5～图8-7所示。

图8-5 天安门广场

图8-6 上海市人民广场

图8-7 莫斯科红场

(2) 交通广场。一般是指环行交叉口和桥头广场。设在几条交通干道的交叉口上，主要为组织交通用，也可装饰街景。在种植设计上，必须服从交通安全的条件，绝对不可阻碍驾驶员的视线，所以多用矮生植物来点缀。例如，广州的海珠广场。在这类广场上可种花草、绿篱、低矮灌木或点缀一些常绿针叶林，要求树形整齐，四季常青，在冬季也有较好的绿化效果；同时也可设置喷泉、雕塑等。交通广场一般不允许入内，但也有起街心花园作用的形式，如图8-8所示。

(3) 商业广场。这种广场以步行商业广场和步行商业街的形式为多，以及各种露天广场形式。

目前现代城市广场形态越来越走向复向化、立体化，包括下沉式广场、空中平台和步行街等，如图8-9所示。

图8-8 海珠广场

图8-9 商业广场

[案例8-1] 墨尔本：St James广场

St James广场位于20世纪60年代建筑的零售及商业区中心地带，目的是通过翻修重新焕发城市活力。

设计项目包括一块以木兰树为两个广场中间一个主要的视觉节点的景观设计，木兰树在此还可以阻挡风力；为零售空间提供的正式座位区和为当地居民吃午饭设置的非正式区，如图8-10～图8-12所示。

图8-10　墨尔本St James广场

图8-11　墨尔本St James广场

图8-12　墨尔本St James广场

案例摘自：园林景观网，作者改编

8.1.4　城市广场的设计原则

1. 生态环境原则

城市环境问题要求城市广场建设应该以生态为主要出发点，结合当地实际情况，遵循生态规律，尽量减少对自然生态系统的干扰，或通过规划手段恢复、改善已经恶化的生态环境。

2. 适宜性原则

城市广场与城市是否适宜，主要是指其是否与城市的肌理和居民的行为习惯相符，是否与市民在行为空间和行为轨迹中的活动和形式相符。即人性化，以人文本。城市广场的使用应充分体现对“人”的关怀，其使用进一步贴近人的生活。因此，依据适宜性原则，城市广场的设置内容大致应该从以下方面着手。

(1) 广场要有足够的铺装硬地供人活动，同时也应保证不少于广场面积25%比例的绿化地，为人们遮挡夏天烈日，丰富景观层次和色彩。

(2) 广场中需有坐凳、饮水器、公厕、电话亭、小售货亭等服务设施，而且还要有一些雕塑、小品、喷泉等充实内容，使广场更具有文化内涵和艺术感染力。只有做到设计新颖、布局合理、环境优美、功能齐全，才能充分满足广大市民大到高雅艺术欣赏、小到健身娱乐休闲的不同需要，如图8-13、图8-14所示。

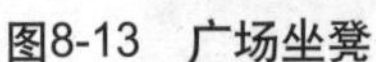

图8-13　广场坐凳

图8-14　广场喷泉

(3) 广场交通流线组织要以城市规划为依据，处理好与周边的道路交通关系，保证行人安全。除交通广场外，其他广场一般限制机动车辆通行。

(4) 广场的小品、绿化、物体等均应以“人”为中心，时时体现为“人”服务的宗旨，处处符合人体的尺度。如飞珠溅玉的瀑布、此起彼伏的喷泉、高低错落的绿化，让人呼吸到自然的气息，赏心悦目，神清气爽，如图8-15所示。此外，根据地形特点和人类活动规律，结合其他设计原则，在城市的特殊节点上发展小型广场是今后城市广场发展的一个方向。这些小型城市广场可以成为社区级的或小区级的中心，从一定程度上可以缓解城市的交通量。

图8-15　广场绿化

3．*地方特色原则*

景观设计应该充分考虑本地的地方特色，从人文特性和历史特性出发，集成城市当地的历史文脉，表现城市的文化脉络。适应地方风情民俗文化，突出地方建筑艺术特色，有利于开展地方特色的民间活动，避免千城一面、似曾相识之感，增强广场的凝聚力和城市旅游吸引力。如：济南泉城广场，代表的是齐鲁文化，体现的是“山、泉、湖、河”的泉城特色，如图8-16所示；广东新会市冈州广场营造的是侨乡建筑文化的传统特色；西安的钟鼓楼广场，注重把握历史的文脉，整个广场以连接钟楼、鼓楼，衬托钟鼓楼为基本使命，并把广场与钟楼、鼓楼有机结合起来，具有鲜明的地方特色，如图8-17所示。

图8-16 济南泉城广场

图8-17 西安钟鼓楼广场

4. 多功能性

城市广场发展到今天，越来越呈现多元化，在充分体现其主要功能之外，应当尽可能地满足游人的娱乐休闲活动。城市广场与步行街一般有着密不可分的联系，一般人们乐意逗留的广场附近都建有商业街区，城市地价也会因城市广场的布置发生变化。

[案例8-2] 澳大利亚：南悉尼市中心绿色广场

这座位于澳大利亚南悉尼市中心的绿色广场由设计师McGregor Coxall设计。该绿色空间是一个可持续性的地铁小村项目。它的绿色空间展台位于原有的工业区域之上，是这个国家最大的城市翻新项目。

据政府开发商Landcom介绍，这座历时10年，耗资17亿澳元的项目一旦竣工，将会有超过5500名居民和7000名工人共同永久性使用。该设计提议包括公共和私人使用空间，其中包括3个城市广场、一个新的公园、社区设施、图书馆、剧院、酒吧、住宅区、商业区以及各种零售设施等，如图8-18～图8-23所示。

图8-18 澳大利亚：南悉尼市中心绿色广场

图8-19 澳大利亚：南悉尼市中心绿色广场

08

图8-20 澳大利亚：南悉尼市中心绿色广场

图8-21 澳大利亚：南悉尼市中心绿色广场

图8-22 澳大利亚：南悉尼市中心绿色广场

图8-23 澳大利亚：南悉尼市中心绿色广场

案例摘自：园林景观网，作者改编

8.2 城市公园景观设计

城市公园是城市开放空间的重要组成部分，是城市建设的主要内容之一，也是城市文明和繁荣的象征。一个功能齐全又独具特色的公园可以反映一个城市的文明进步水平和对人的需求的满足程度。城市公园是为居民提供休闲、娱乐、游览、交往以及举办各种集体文化活动的场所，是人类文明成果汇集的总体表现，如图8-24所示。

图8-24 城市公园

8.2.1 城市公园的起源

在人类文明的早期，城市的出现最主要的

功能是防卫和便于统治，不存在任何花园。

文艺复兴时期，人类思想得到解放，意大利人阿尔伯蒂首次提出了建造城市公园的理念，此后，城市花园对于城市的多元素构成起到重要作用。

城市公园作为大工业时代的产物，最早是由贵族私家花园发展而来的，这就使公园带有了花园的特质。17世纪中叶开始，英国、法国等开始资产阶级革命推翻了封建王朝的统治，建立起土地贵族和大资产阶级的君主立宪政权，封建社会逐渐走上资本主义社会。新兴的资产阶级没收了封建领主及皇室的财产，把大大小小的宫苑和私园都向公众开放，并统称为公园。1843年，英国利物浦市动用税收建造了公众可免费使用的伯肯海德公园，标志着第一个城市公园正式诞生。1858年纽约开始建立中央公园以后，全美各大城市都建立了各自的中央公园，形成了公园运动，如图8-25所示。

中国公园的发展起源于古代的园林建筑，具有代表性的有皇家园林和私家园林，如图8-26所示。现在这些园林也在社会主义建立以后对大众开放。

图8-25 纽约中央公园

图8-26 中国古典园林——留园

直到今天，公园已成为城市的标志之一，不再是权利和金钱下的奢侈品，而是普通公众身心愉悦的场所，公园的发展也成为了鉴定城市发展质量的重要标准之一。

8.2.2 城市公园的分类和功能

城市公园作为城市开放空间的一部分和居住区游园一起构成了城市绿地系统，一起有着改善和调节城市小气候的作用。根据公园的功能可以分为综合性公园、儿童公园(见图8-27)、动物园(见图8-28)、植物园(见图8-29)、街头公园等。不同层次的公园用地规模、服务半径、设置内容还有很大的差异，但其设计方法和流程基本上还是一致的。

图8-27 儿童公园

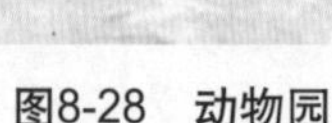
图8-28 动物园

图8-29 植物园

城市公园的功能如下。

1．休息游憩功能

城市公园是城市的起居空间。作为城市居民的主要休闲游憩场所，其活动空间、活动设施为城市居民提供了大量户外活动的可能性，承担着满足城市居民休闲游憩活动需求职能。这也是城市公园的最主要、最直接的功能。

2．精神文明建设和科研教育的基地

城市公园容纳着城市居民的大量户外活动。随着全民建设运动的开展和社会文化的进步，城市公园在物质文明建设的同时也日益成为传播精神文明、科学知识和进行科研与宣传教育建设的重要场所。陶冶了市民的情操，提高了市民的整体素质，形成了一种独特的大众文化，同时也使得城市公园在社会主义精神文明建设中的作用越来越突出。

3．防灾、减灾功能

城市公园由于具有大面积公共开放空间，是城市居民平日的聚集活动场所，同时在城市的防火、防灾、避难等方面具有很大的保安功能。城市公园可作为地震发生时的避难地、火灾时的隔火带，大公园还可作救援直升飞机的降落场地、救灾物资的集散地、救灾人员的驻扎地及临时医院所在地、灾民的临时住所和倒塌建筑物的临时堆放场。

4．环境功能

维持城市生态平衡的功能。城市公园由于具有大面积的绿化，无论是在防止水土流失、净化空气、降低辐射、杀菌、滞尘、防尘、防噪音、调节小气候、降温、防风引风、缓解城市热岛效应等方面都具有良好的生态功能。城市公园作为城市的绿肺，在改善环境污染状况，有效地维持城市的生态平衡等方面具有重要的作用。

5．美化城市景观

城市公园是城市中最具自然特性的场所，往往具有和大量的绿化，是城市的绿色软质景观，它和城市的其他建筑等灰色硬质景观形成鲜明的对比，使城市景观得以软化。同时，公园也是城市的主要景观所在。因此，其在美化城市景观中具有举足轻重的地位。

[案例8-3] 匈牙利：Graphisoft公园

匈牙利的Graphisoft公园位于Szentendrei路的一块三角形地块上，铁路和多瑙河区域是一个相对封闭的空间，没有直接连接到住宅区。然而，随着在罗马古迹中探索，它可能是未来文化区的基础。公园是连接城市到多瑙河的动脉，它的建成进一步加强了文化的深度。

公园提供了一个密集的场所方便会议、讲座和娱乐。有瀑布的池塘、外墙的阶梯包围的海岸线区域成为最受游者欢迎的空间，如图8-30～图8-35所示。

图8-30 匈牙利：Graphisoft公园

图8-31 匈牙利：Graphisoft公园

图8-32 匈牙利：Graphisoft公园

图8-33 匈牙利：Graphisoft公园

图8-34　匈牙利：Graphisoft公园

图8-35　匈牙利：Graphisoft公园

案例摘自：园林景观网，作者改编

8.2.3　城市公园的设计理念

现代公园与早期公园的设计理念不同。早期公园主要是为了满足人们的视觉效果需求，或者是为了满足达官贵族的奢华享乐而建造的，抑或是统治阶级、富有阶层为了家族显赫等许多的因素。现代公园的设计理念目的是很明确的：一是表达对大自然的向往；二是与人交往的需求。具体来说有以下几点。

1．城市公园设计要秉承文脉延续的理念

城市中的历史遗迹、空间格局、建筑风貌等传承着城市文化，体现着城市地域特色，因此，在城市中新建或改建城市公园，要严格保护历史遗迹，尽量保持城市原有肌理和格局，妥善保留和发扬具有传统地域风貌的建筑。这并非是要求城市发展一成不变，随着历史的推进，社会经济生活环境的改变，城市及城市公园必将发生变化，但这种变化是有据可依的、有史可查的，而非切断历史的盲目建设。

2．城市公园设计要秉承兼容并蓄的理念

多样性是城市的活力之源，地域性和多样性并不矛盾，两者是辩证统一的。宽松的氛围和对艺术、文化的包容，使得许多城市公园呈现出多元文化并处的格局。当前，我国的城市公园设计应以地域性为本，在沿袭自身文化惯性的同时，吸收外部乃至外国文化中的有益元素，兼容并蓄，以此改变“千园一面”的局面。

3．城市公园设计要秉承因地制宜的理念

城市公园设计除了要延续城市文脉、兼容并蓄之外，还要因地制宜，根据城市自身发展及使用者的需要，合理利用城市土地、废弃地，因地制宜地在工业遗址上恢复生态环境，重塑衰败工业区形象，一方面改善地区生态环境，另一方面可以满足人们休闲娱乐的需要。

4．城市公园设计要秉承以人为本的理念

城市公园的主要服务对象是居民和旅游者，因此，以人为本，是城市公园建设的出发点和根本原则。舒展的草坪、斑驳的森林、合理的道路尺度、舒适的服务设施，都是城市公

园的重要组成部分。城市公园的建设要充分考虑使用者的时代、社会和文化因素以及生活习惯，加强绿色空间的亲和性、开放性与可达性，提高开放空间利用程度，提升交往空间的人本品质，从而营造和谐的城市公园空间。

5. 城市公园设计要秉承凝练精神的理念

城市公园设计要有统一的主题，主题是高度凝练、高度抽象的文字，公园小品、设施、标识等具体的物体是表现主题的重要手段和途径，优秀的设计可以展现城市特有的地域文化和历史文脉，提升公园的品质。许多与功能相结合的小品、设施、标识应该成为公园的“点睛之笔”，应体现文化内涵，突出地方特色，与绿色自然景观相统一，丰富城市文化内涵。

［案例8-4］　澳大利亚：Footscray公园纪念花园

在经历了两次世界大战后，Footscray社区热衷于那些逝去的回忆。并在墨尔本西郊的基隆路广阔的大街上建立了荣誉大街。该大街两侧有数百棵带徽章的白蜡树。

图8-36　澳大利亚：Footscray公园纪念花园

在接下来的半个世纪，宽阔的大街成为了车辆通行的焦点，从而该地进行了道路的扩宽、路口修改和其他的道路工程。但不可避免的是，这些工程使得徽章和树木被搬迁、拆除或损坏。该项目旨在在一个稳定的和受尊重的环境中收集所有剩余的徽章。它在原大街尽头的遗产Footscray公园的花园空间，200多个徽章被放进混凝土的基座中，在规模和材料上都与原来的相似。新底座的形状可以锁在一起，形成低墙，唤起荣誉大街背后的思想——这些牺牲所代表的个人徽章在一起创建了一个强大和持久的遗产，如图8-36～图8-42所示。

图8-37　澳大利亚：Footscray公园纪念花园

图8-38　澳大利亚：Footscray公园纪念花园

图8-39　澳大利亚：Footscray公园纪念花园

图8-40　澳大利亚：Footscray公园纪念花园

图8-41　澳大利亚：Footscray公园纪念花园

图8-42　澳大利亚：Footscray公园纪念花园

案例摘自：园林景观网，作者改编

8.3 城市商业步行街景观设计

商业步行街是指众多不同规模，不同类别的商店、零售业等有规律地排列组合的商品交易场所，集中在一定的地区，构成的街区有一定的长度。

步行街是社会经济进步的客观结果，是城市化不断推进的必然产物，是城市居民生活质量不断提高的要求。因此，城市步行街的出现是城市发展的选择，能够为居民提供一个相对集中适合购物和休闲的环境，如图8-43所示。

图8-43 商业步行街

8.3.1 商业步行街的起源与发展

商业步行街发源于中国，唐代时期，经济发展比较繁荣，长安就有著名的商业街：东市和西市。到了宋代，清明上河图所画的就是典型的商业街景象，如图8-44所示。

图8-44 《清明上河图》

现代商业步行街，兴起于20世纪50年代以美国为首的资本主义国家。第二次世界大战后，以美国为代表的经济发达地区，城市化进程加快，城市建设日新月异。城市形态越来越多样化，城市居民的生活水平也越来越高，并对生活质量的提高越来越迫切。同时，城市发展的负面问题也随之而来，城市交通膨胀、拥挤，城市环境质量下降。许多居民不得不转入环境污染较小的郊区。为了改变这些现象，发达国家开始尝试建立购物中心郊区化，兴建规模巨大的商场或开发新型的商业模式，以便利居民的购物需要。另一方面，复兴环境污染严重的老城区，重点解决交通、环境等问题后，建立城市中心街区，以吸引居民的回归和经济的复苏。由此，商业步行街逐渐演变成一种运动，并不断掀起高潮。在郊区也随着大量步行街的建立开始逐步兴建起来。

法国巴黎的香榭丽舍大街(见图8-45)、美国纽约的百老汇大街(见图8-46)、日本东京的银座、浅草商业街等都是闻名于世的步行街。德国斯图加城市的考尼格夫街，被称为是“步行者的天堂”。

中国著名的十大商业步行街有北京王府井大街(见图8-47)、上海南京路、香港铜锣湾(见图8-48)、成都春熙路、武汉光谷步行街、台北西门町、哈尔滨中央大街、南京湖南路、广州北京路、重庆解放碑。

图8-45　巴黎香榭丽舍大街

图8-46　纽约百老汇大街

图8-47　北京王府井大街

图8-48　香港铜锣湾

毋庸置疑，商业步行街已经成为美丽的城市会客厅。从“街”到“商业街”，从“商业街”到“商业步行街”，三个概念的跳跃产生了从简单的生活需求的购物到休闲购物、愉快购物、欣赏街区，享受生活的变迁。商业步行街是城市的商业文化名片，是城市繁荣的象征，是城市运营的点睛之笔，因此堪称“城市客厅”。

8.3.2　城市商业步行街的功能

就字面意思来理解，步行街意思仅指的是为人们提供步行的街道。后来由于最初的集市贸易开始，步行街慢慢发展为步行着去购买生活用品，这也只是体现出了步行街的经济功能。但现代的步行街已不单单是经济功能这么简单，随着它的发展功能越来越多样化，具体表现在以下几个方面。

(1) 经济功能。这是商业步行街最集中体现的功能。经济是社会发展的基础，也是城市发展的基础。步行街担任着发展经济的主要职责。商业步行街为商业活动提供给场所，促进经济的交流与发展。

(2) 文化功能。经济与文化是密不可分的，经济基础决定上层建筑，上层建筑又反过来促进经济发展。经济中蕴含着丰富的文化，人们游览步行街不仅是为了满足购物的需要，或经

济上的需要，也是享受文化品位。商业本身的文化如饮食文化、建筑文化、旅游文化等都能通过步行街得以展现，步行街为商业提供载体，同时传承文化，发展文化。

(3) 休闲功能。步行街在字面上和漫步道路有所相像，但发展到今天的步行街其目的性已远远超过漫步与购物，这也就是商业步行街的休闲功能的体现：或以购物为目的，或以游赏为目的，进行舒心的徒步运动。步行街的购物或休闲行为往往以家庭或以三两个朋友为单位，是一种群体消费和活动。

(4) 娱乐功能。许多步行街设置现代的娱乐设施，有的既适合年轻一代的需要，又有适合老年人休息和活动的设施，通过步行街可以得到充分的消费和享受。同时购物消费本身也是一种娱乐身心的活动。

(5) 保护功能。步行街的发展往往传承着文化的发展，许多历史悠久的城市中存在着因年代长远而形成的老街区，包括古老的商店、字号等遗留下来的建筑等，如西安市的回民街和骡马市等，都是具有历史价值的街区。这时候商业街的功能就是对历史的保护。保护这些文化的价值，让人可以有更多的途径来了解历史。

(6) 环保功能。商业街两旁繁茂的行道树、街中心的花坛、各种颜色的观赏植物等点缀了商业步行街，让人们不再是到简单的店铺去单纯的购买商品，还能欣赏路边景色。步行街旁的这些绿色街景不仅为步行街添色，而且创造了一个舒适和优美的生活环境，形成绿色的商业活动和环境。

8.3.3　城市商业步行街景观设计原则

1．良好的交通体系

步行街的成功与否，交通问题是关键。成功的商业步行街背后必须有一个良而完善的交通体系，才能保证步行街内部和周边环境的畅通，才能保证商业步行街的可持续性发展。拥堵的交通环境下的步行街一定不会长久的发展下去。设计中应考虑步行街所在的地段，全城的交通情况、停车的难易、路面的宽窄、居民意向等因素。做到人车分流，以汽车道为联系路，与城市道路网相联，以自行车步行道为内核，独立形成网络状，形成科学的商业步行街区。

2．完整的空间环境要求

“道”空间是从流动性角度来考虑，商业步行街应该给人一种流动向前的感觉，这样才会符合行人心理。美国著名城市设计理论家凯文 · 林奇在《城市意象》一书中提出了构成城市意象的五个要素：道路、边界、区域、结点和标志。实际上就是人们认识与把握城市环境秩序的空间图式。林奇把道路放在各要素之首进行描述。如何安排商业道路纵向布景，成为解决这一问题的关键。一般来说，可以通过特定的建筑或树木引导行人向前(见图8-49)，结合其他形式塑造出一种从进入到演绎到高潮的空间节奏感。

同时，还要从静止的角度来考虑，考虑行人休息的需要，在商业街适当设立小品类休闲广场或者座椅等，使人在心理上有被关怀的感觉，如图8-50所示。

图8-49 利用树木可以引导行人

图8-50 商业街区的座椅

3．丰富的空间形式

要突出步行街丰富的商业、文化、历史等特性，必须合理的利用空间，合理地组织新空间，已取得独特、合理而精彩的空间序列。

步行街区的布局形态可以是丰富多变的，有线状、线面组合布置和面状成片布局等。

线状沿街道布局，店铺沿街道两侧呈线状布置，鳞次栉比，店面凹凸，街道空间呈现一定的不规则状，如北京琉璃厂、天津古文化街。

线面组合布置，大都有明显的步行商业街，与路段上某些商业地块联系起来，形成组合布局，如合肥城隍庙步行商业街。

面状成片布局，商业街区在城市主干道一侧集中布置，形成网状形态，如上海城隍庙、南京夫子庙等。

4．特色景观的合理融入

每一个城市无论大小都会有其值得骄傲的历史，把这些宝贵的文化财富挖掘出来，形成商业步行街的特色，就能成为吸引行人的重要因素，同时也把城市介绍给了游客，如图8-51所示。

图8-51 古建筑风格商业街区

[案例8－5] 圣路易中心商业街区方案设计

这是为了提升美国密苏里州圣路易市拥有60栋高层建筑物的中心商业街区而进行的景观方案设计，它主要通过对城市层次的组织和定位来实现。项目将为行人提供一个安全的富有逻辑性的空间，从而对市中心的复兴做出积极的贡献。

该项目是圣路易市的市区发展行动计划(Downtown Development Action Plan)的一

部分，将一些重要的公共资产华盛顿大街、Edward Jones Dome球场、Gateway Mall购物中心、New Busch Stadium新球场、Cupples地铁站以及老邮政馆连接了起来，如图8-52～图8-54所示。

图8-52　圣路易中心商业街区方案设计

图8-53　圣路易中心商业街区方案设计

图8-54　圣路易中心商业街区方案设计

案例摘自：园林景观网，作者改编

本章小结

本章从城市广场、城市公园、城市商业步行街三方面介绍了城市开放空间设计的类别、功能、设计原则等。并辅助多个案例进行剖析与解读。

城市开放空间对景观设计的理解更为具体和形象，通过本章的学习，相信读者对于景观设计这个概念的把握会更透彻，在以后的实践中也会做到游刃有余。

思考练习

1．什么是城市开放空间？

2．城市广场的分类和设计原则是什么？

3．城市公园的设计理念是什么？

4．城市商业步行街的功能是什么？

实训课堂

实训课题：挑选一则城市公园案例进行分析。

(1) 内容：从本章所学内容出发，找一份有特色的城市公园案例，分析案例中的设计原则和设计理念。

(2) 要求：案例随意挑选，只需具有代表性即可。

第9章

城市绿地景观设计

学习要点及目标

了解城市绿地的定义和分类。
了解城市绿地的功能。
掌握城市绿地系统规划的设计原则。
掌握城市绿地的布局模式。

核心概念

景观设计流程　景观方案设计　景观设计艺术手法

本章导读

建设一个优美、清洁、文明的现代化的生态良性循环的城市环境，是我们在发展经济的同时不可忽视的要点问题。本章详细介绍了有关城市绿地景观设计的知识，为解决城市生态环境问题提供了良好的理论支撑，并结合案例，对城市绿地景观设计中存在的问题做了分析，提出了解决方案。了解城市绿地设计的内容，有助于我们加深景观设计理论的宏观认识。

9.1 城市绿地景观设计概述

随着经济的持续发展，我国的城市建筑密度增加，特别是工业建筑集聚增加，随之而来的生态环境问题开始突出。汽车尾气的排放、城市垃圾的焚烧、河流湖泊的污染、城市热岛效应等无时无刻不影响着人类的生活与健康。城市是我们生产生活的主要空间，是城市的细胞。城市绿地建设正是旨在为人们创造优美的居住生活环境为目的，改善环境，让人们在放心放松的场所中学习、生活和工作，为人类创造更多的物质财富和精神财富。

同时，国家也大力倡导建设资源节约型、环境友好型社会。而城市绿地的建设直接影响到居住地环境，所以建设生态、使用、环境等功能为一体的绿地是符合当今居住地绿地景观设计，是符合当今社会和时代的需求，也是走可持续发展之路的最佳模式。

城市绿地规划设计需要科学地制订各类城市绿地的发展标准，合理安排城市各类园林绿地建设和空间布局，以达到保护和改善城市生态环境，优化城市人居环境，促进城市可持续发展的目的。

9.1.1 城市绿地的定义

城市绿地的概念有广义和狭义之分。狭义的城市绿地是指城市中面积较小，设施较少，人工种植花草树木形成的绿色空间；广义的城市绿地是指城市规划区范围内的各种绿地，是城市规划区内被植被覆盖的土地、空旷地和水体的总称。在《园林基本术语标准》中对城市绿地这样描述“以植被为主要存在形态，用于改善城市生态，保护环境，为居民提供游憩场地和美化城市的一种城市用地”。《城市绿地分类标准》对城市绿地的定义是“以自然植被和人工植被为主要存在形态的城市用地，它包含两个层次的内容：一是城市建设用地范围内用于绿化的土地；二是城市建设用地之外对城市生态、景观和居民休闲生活具有积极作用、绿化环境较好的区域”，如图9-1所示。

图9-1　城市绿地景观

9.1.2　城市绿地的分类

城市绿地系统由六大类绿地组成，包括公共绿地，即各种公园、游憩林荫带；居住区绿地、交通绿地、附属绿地、生产防护绿地，位于市内或城郊的风景区绿地，即风景游览区、休养区、疗养区等，此外还包括城市水面、道路广场以及其他性质用地中的绿地。

图9-2　公园绿地

公园绿地是指对公众开放，以游憩为主要功能，兼具生态、美化等作用，可以开展各类户外活动的、规模较大的绿地。包括城市公园、风景名胜区公园、主题公园、社区公园、广场绿地、动植物园林、森林公园、带状公园和街旁游园等。按照公园的不同机能、位置、使用对象，可以分为自然公园、区域公园、综合公园、河滨公园、邻里公园等，如图9-2所示。

［案例9-1］　　新加坡：碧山宏茂桥公园

新加坡碧山宏茂桥公园绿地以水为主导元素进行翻新设计，充分利用了公园周围的有利因素，突出特色，强调生态的重要性。

新加坡从2006年开始推出活跃、美丽和干净的水计划(ABC计划)，除了改造国家的水体排放功能和供水到美丽和干净的溪流、河流和湖泊之外，还为市民提供了新的休闲娱乐空间。同时，提出了一个新的水敏城市设计方法(也被称为ABC在新加坡水域设计的亮点)来管理可持续雨水的应用。作为一项长期的举措，截止2030年，将有超过100多个项目被确立阶段性实施，与已经竣工完成的20个项目一道，拉近了人与水的距离。

碧山宏茂桥公园是ABC方案下的旗舰项目之一，由于公园需要翻新，公园旁边的加冷河混凝土渠道需要升级来满足由于城市化发展而增加的雨水径流的排放，因此这些计划被综合在一起，进行此项重建工程。加冷河从笔直的混凝土排水道改造为蜿蜒的天然河流。

公园绿地和河流的动态整合，为碧山公园打造了一个全新的、独特的标识。崭新、美丽的软景河岸景观培养了人们对河流的归属感，人们对河流不再有障碍、恐惧和距离，他们能够更加近距离的接触水体、河流，他们开始享受和保护河流，如图9-3～图9-10所示。

此外，在遇到特大暴雨时，紧挨公园的陆地可以兼作输送通道，将水排到下游。碧山公园是一个启发性的案例，它展示了如何使城市公园作为生态基础设施，与水资源保护和利用巧妙融合在一起，起到洪水管理、增加生物多样性和提供娱乐空间等多重功用。人们和水的亲密接触，提高了公民对于环境的责任心。

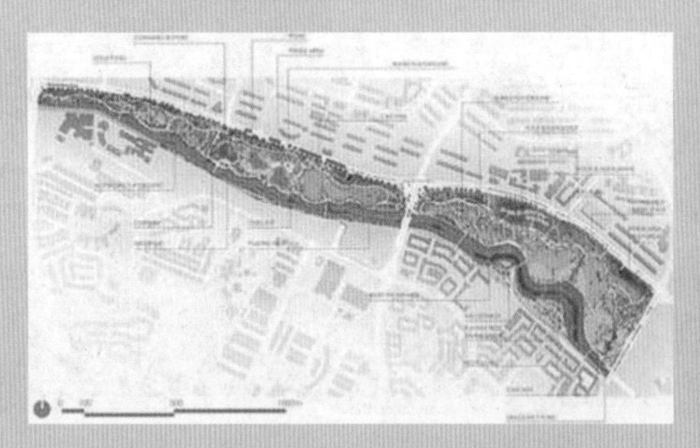

图9-3　新加坡碧山宏茂桥公园绿地总平面图

图9-4　新加坡碧山宏茂桥公园绿地

图9-5　新加坡碧山宏茂桥公园绿地

图9-6　新加坡碧山宏茂桥公园绿地

图9-7　新加坡碧山宏茂桥公园绿地

图9-8　新加坡碧山宏茂桥公园绿地排水分析

图9-9　新加坡碧山宏茂桥公园绿地

图9-10　新加坡碧山宏茂桥公园绿地夜景

案例摘自：园林景观网，作者改编

09

居住区绿地是对居住区范围内可以绿化的空间实施绿色植物规划配置、栽培、养护和管理的系统工程模式建立起来的绿地，包括居住区公共绿地、居住区道路绿地和宅旁绿地等，如图9-11所示。

图9-11　居住区绿地

[案例9-2] SOM："金山"生态住区绿地规划

越南滨海城市"金山"(GoldenHills)生态社区将设定新的可持续性生态开发的标准。SOM的总体规划将建造一系列公园和直线形的林荫道，保留河口处375公顷场地上现有的水道和自然景观。

金山生态居住区绿地大量运用绿色植被对居住区周围进行环状覆盖，有效地实现了生态的目的。不仅让居民安心舒适的生活，更有效地解决该地区遭遇洪水的问题。植被有加固堤岸，巩固土地结构的功能，大量的高低灌木的种植可以有效分解洪水的速度，提高分洪、泄洪的能力，如图9-12～图9-14所示。

图9-12 金山生态居住区绿地

图9-13 金山生态居住区绿地

图9-14 金山生态居住区绿地

案例摘自：园林景观网，作者改编

生产绿地主要指为城市绿化提供苗木、花草、种子的苗圃、花圃、草圃等圃地。它是城市绿化材料的重要来源，如图9-15所示。

图9-15　花草绿地

防护绿地是指对城市具有隔离和安全防护功能的绿地，包括城市卫生隔离带、道路防护绿地、城市高压走廊绿带、防风林等，如图9-16～图9-18所示。

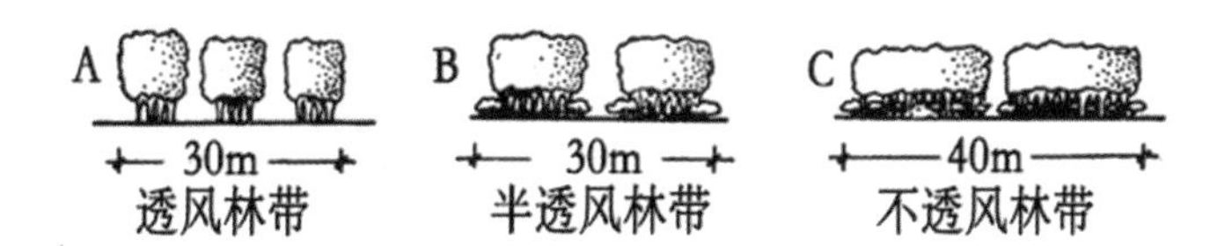

图9-16　林带透风距离示意图

图9-17　道路防护绿地

图9-18　防风林带

附属绿地是指城市建设用地中的附属绿化用地，包括居住用地、公共设施用地、工业用地、仓储用地、对外交通用地、道路广场用地、市政设施用地和特殊用地中的绿地，如图9-19所示。

其他绿地是指对城市生态环境质量、居民休闲生活、城市景观和生物多样性保护有直接影响的绿地。包括风景名胜区、水源保护区、自然保护区、风景林地、城市绿化隔离带、湿地、垃圾填埋场恢复绿地等，如图9-20所示。

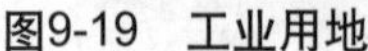

图9-19　工业用地

图9-20　湿地

城市绿地不包括屋顶绿化、室内绿化、阳台绿化和垂直绿化。以物质生产为主的林地、耕地、牧草地、果园、茶园和竹园等地也不属于城市绿地。还有城市规划中不列入“绿地”水域。

9.1.3　城市绿地的功能和作用

1. 绿地的生态功能

1) 净化空气

空气是人类赖以生存和生活不可缺少的物质，是重要的外环境因素之一。1个成年人每天平均吸入10～12立方米的空气，同时释放出相应量的二氧化碳。为了保持平衡，需要不断地消耗二氧化碳和放出氧气，生态系统的这个循环主要靠植物来补偿。植物的光合作用，能大量吸收二氧化碳并放出氧气。其呼吸作用虽也放出二氧化碳，但是植物在白天的光合作用所制造的氧气比呼吸作用所消耗的氧气多20倍。1个城市居民只要有10平方米的森林绿地面积，就可以吸收其呼出的全部二氧化碳。事实上，加上城市生产建设所产生的二氧化碳，则城市每人必须有30～40平方米的绿地面积。

绿色植物被称之为“生物过滤器”，在一定浓度范围内，植物对有害气体是有一定的吸收和净化作用。工业生产过程中产生许多污染环境的有害气体，其中二氧化硫是大气中分布最广泛的主要污染物，人类活动每年向空气中排放大约1.5亿吨。二氧化硫也是形成酸雨的主要原因，如图9-21所示。

图9-21　工厂向大气中排放污染气体

城市空气中含有大量尘埃、油烟、碳粒等。这些烟灰和粉尘降低了太阳的照明度和辐射强度，削弱了紫外线，不利于人体的健康；而且污染了的空气使人们的呼吸系统受到污染，导致各种呼吸道疾病的发病率增加。城市绿地构成的绿色空间对烟尘和粉尘有明显的阻挡、过滤和吸附作用。国外的研究资料介绍，公园能过滤掉大气中80%的染污物，林荫道的树木能过滤掉70%的污染物，树木的叶面、枝干能拦截空中的微粒，即使在冬天落叶树也仍然保持60%的过滤效果，如图9-22所示。

图9-22　城市绿地有利于净化空气

[案例9-3]　　意大利：Nember广场

Nember广场看起来并不是传统意义上的广场，由于并不常见的公共设施而使得它显得非常与众不同。Verdi Str.-Dei Mille Str.交叉区域里仅有一个弯曲的小径和一片绿地，没有其他的景观设计。商业区里的人行道采用的都是非常原生的材料，并没有过多的加工。设计者用这种似乎过时的风格来表达独特的原生理念。

这个项目是在原来的Nember广场的基础上做成的，设计者试图提供一片广阔的区域和与众不同的设施来赋予这个广场别具一格的特色。市民可以在这里休息、交友、散步和组织公共娱乐活动。同时，这个项目将可见的功能和精神意义的完美享受结合在一起，并且把看上去遥远的两条街道Mille Str. 和 Verdi Str连在了一起。这个工程使用少量的资金预算就完成了，不仅为人们提供了大片的绿地和休闲广场，而且并没有过多的占用交通资源。

此工程基于的理念是将城市交通道路圈所剩余的荒废区域进行再利用，最终形成市民可以自如休闲的特色广场。通过三个方面鼓励步行来减少汽车的使用从而降低汽车尾气造成的环境污染。

1．增大步行区域。

2．将公园、休闲广场等与市中心的商业区联系在一起。

3．减少机动车道路面积，重新设计停车场位置。

这项工程是在原有的交通环线的基础上设计的。特别是原有的树木都完好的保存下来，成为广场上的一个风景点。人行道是用花园常用的沙滩卵石铺成，并且加上了非常讲究的水泥和颜料，使其看起来非常别致。这片绿色的区域现在被点缀上了一些长椅，整体看起来非常闲适，给人一种很安全的感觉。和原有的路相比，现在的路窄了很多，留下了更多人们活动的区域。

这里的照明系统由四个主要部分组成，原有的路灯沿用了下来。人行道上加上了漂亮的照明灯。绿地区域的照明主要聚焦在长椅处，来保证在此休息的人们的照明。在广场的其他部分也散落着点缀的装饰灯。

座椅通过不同的环境，不同的密度都集中在一起。所有的白色椅子都是单座的，并且都有实用的靠背和扶手。目的是为了让人们可以根据自己不同的需求，选择自己喜欢的环境下自己舒适的椅子，无论是单独一人，还是大家一起，无论是阳光下，还是阴凉中都能坐着非常舒适。这里也提供了自行车停放地，使这里的娱乐休闲功能更加全面和方便，如图9-23～图9-28所示。

图9-23　意大利Nember广场

图9-24　意大利Nember广场

图9-25　意大利Nember广场

图9-26　意大利Nember广场

图9-27　意大利Nember广场

图9-28　意大利Nember广场

案例摘自：园林景观网，作者改编

2) 净化水体

城市水体污染源，主要有工业废水、生活污水、降水径流等。工业废水和生活污水在城市中多通过管道排出，较易集中处理和净化。而大气降水，形成地表径流，冲刷和带走了大量地表污物，其成分和水的流向难以控制，许多则渗入土壤，继续污染地下水。许多水生植物和沼生植物对净化城市污水有明显作用。比如在种有芦苇的水池中，其水的悬浮物减少30%，氯化物减少90%，有机氮减少60%，磷酸盐减少20%，氨减少66%。另外，草地可以大量滞留许多有害的金属，吸收地表污物；树木的根系可以吸收水中的溶解质，减少水中细菌含量。

3) 净化土壤

植物的地下根系能吸收大量有害物质而具有净化土壤的能力。有植物根系分布的土壤，好气性细菌比没有根系分布的土壤多几百倍至几千倍，故能促使土壤中的有机物迅速无机化。因此，即净化了土壤，又增加了肥力。草坪是城市土壤净化的重要地被物，城市中一切裸露的土地，种植草坪后，不仅可以改善地上的环境卫生，也能改善地下的土壤卫生条件。

4) 树木的杀菌作用

空气中散布着各种细菌、病原菌等微生物，不少是对人体有害的病菌，时刻侵袭着人体，直接影响人们的身体健康。植物是最天然的保健医生。绿色植物可以减少空气中细菌的数量，其中一个重要的原因是许多植物的芽、叶、花粉能分泌出具有杀死细菌、真菌和原生物的挥发物质，称为杀菌素。城市中绿化区域与没有绿化的街道相比，每立方米空气中的含菌量要减少85%以上，如图9-29所示。

图9-29　植物有杀菌作用

5) 防止水土流失

植物具有防止水土流失的作用早在很久以前就得到认可。绿地的科学利用不仅具有美观作用，在加固堤岸、稳定建筑结构方面更是发挥了巨大作用。如新加坡碧山宏茂桥公园绿地的案例就充分利用了植物这一特点。

［案例9—4］　新加坡：Kallang河道修复

这是第一个在热带地区利用土壤生物工程技术(植被、天然材料和土木工程技术的组合)来巩固河岸和防止土壤被侵蚀的工程。通过这些技术的应用，还为动植物创造了栖息地。新的河流孕育了很多生物，公园里的生物多样性也增加了约30%，如图9-30～图9-33所示。

生态工法技术包括梢捆、石笼、土工布、芦苇卷、筐、土工布和植物，是指将植物、天然材料(如岩石)和工程技术相结合，稳定河岸和防止水土流失。与其他技术不同的是，植物不仅仅起到美观的作用，在生态工法技术中更是起到了重要的结构支撑的作用。这一技术可以追溯到古代的亚洲和欧洲，在中国，历史学家早在公元前28年就有对生态工法使用的记录。生态工法结构的特点是能够适应环境的变化，并且能够通过日益增加的坚固性和稳定性进行自身的修复。这种技术安装成本低，并且从长远利益看，比僵硬的混凝土河道更具有可持续性和长期经济效益。

图9-30　新加坡Kallang河道修复

图9-31 新加坡Kallang河道修复

图9-32 新加坡Kallang河道修复

图9-33 新加坡Kallang河道修复

案例摘自：园林景观网，作者改编

2．绿地的心理功能

植物对人类有着一定的心理功能。随着科学技术的发展，人们不断深化对这一功能的认识。在德国公园绿地被称为“绿色医生”。在城市中使人镇静的绿色和蓝色较少，而使人兴奋和活跃的红色、黄色在增多。因此，在绿地的光线则可以激发人们的生理活力，使人们在心理上感觉平静。绿色使人感到舒适，能调节人的神经系统。植物的各种颜色对光线的吸收和反射不同，青草和树木的青、绿色能吸收强光中对眼睛有害的紫外线。对光的反射，青色反射36%，绿色反射47%，对人的神经系统、大脑皮层和眼睛的视网膜比较适宜。如果室内外有花草树木繁茂的绿空间，就可使眼睛减轻和消除疲劳，如图9-34所示。

图9-34　绿地让人放松心情

[案例9–5]　　德国：Mangfall公园

这个新的Mangfall公园把Rosenheim 市和它的河流连在了一起。木板路景观加深了原有的河流景观概念，并且使大自然以多种不同的方式展现在游客的面前。这个500米长的系统由木板路景观和8个连接市中心和Mühlbach河的桥组成。这条木板路是这个新公园的主干，并且有多种不同的作用，包括散步、休息、观光。沿着这条木板路景观，宽大的台阶可以供人坐着休息，同时近距离欣赏到外面的美景。Mühlbach河是作为城市河流设计的，联系着将来要开发成居住区的区域和市中心的便捷的生活设施。木板路的最北边通到一个8米长的凸出来的平台，站在这里可以将河岸美景一览无余。一个个的大礁石影响着水的流向，也给游客带来一个可以坐着赏景的地方，让游客的心情彻底放松，城市广场绿地的功能得到发挥，如图9-35～图9-37所示。

图9-35　德国Mangfall公园

图9-36　德国Mangfall公园

图9-37 德国Mangfall公园

案例摘自：园林景观网，作者改编

3．绿地的物理功能

1) 改善城市小气候

小气候，也称微气候，是指由于下垫面的某些构造特征所引起的近地面大气中和上层土壤中的小范围气候。小气候区域是众多物种包括人类生存的主要空间。城市化在给人类带来便捷生活的同时，也为城市的生态环境带来一些列问题，比如夏季空调所排放的的能量使户外环境高温加剧，影响当地小气候，进而波及到整个全球，所以，城市小气候的改善可以调节整个大气环境。

地形、植被、水面等，特别是植被对地表温度和小区域气候的影响尤大。夏季人们在公园或树林中会感到清凉舒适，这是因为太阳照到树冠上时，有30%～70%的太阳辐射热被吸收。树木的蒸腾作用需要吸收大量热能，从而使公园绿地上空的温度降低。另外，由于树冠遮挡了直射阳光，使树下的光照量只有树冠外的1/5，从而给休憩者创造了安闲的环境。草坪也有较好的降温效果，当夏季城市气温为27.5℃时，草地表面温度为22℃～24.5℃，比裸露地面低6℃～7℃。到了冬季绿地里的树木能降低风速20%，使寒冷的气温不至降得过低，起到保温作用。

园林绿地中有着很多花草树木，它们的叶表面积比其所占地面积要大得多。由于植物的生理机能，植物蒸腾大量的水分，增加了大气的湿度。这给人们在生产、生活上创造了凉爽、舒适的气候环境。

绿地在平静无风时，还能促进气流交换。由于林地和绿化地区能降低气温，而城市中建筑和铺装道路广场在吸收太阳辐射后表面增热，使绿地与无绿地区域之间产生温差。形成垂直环流，使在无风的天气形成微风。因此合理的绿化布局，可改善城市通风及环境卫生状况。美国学者H.Akbari 等在“冷屋顶”和遮荫树对节能和改善空气质量的研究中提出了可行的策略，如图9-38所示。

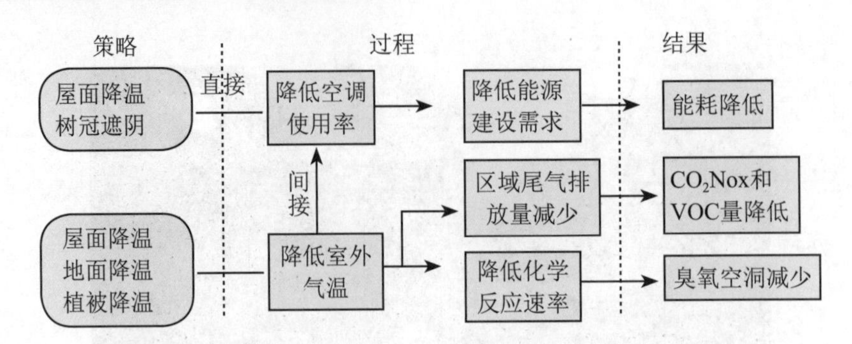

图9-38　遮荫树、“冷屋顶”和“冷铺装”对气候环境的影响

2) 减低噪音

城市中的汽车、火车、船舶和飞机所产生的噪声；工业生产、工程建设过程中的噪声；以及社会活动和日常生活中带来的噪声对身体健康危害很大。北京市环境部门收到的群众控告信中40%以上是关于噪音污染的。研究证明，植树绿化对噪音具有吸收和消解的作用。可以减弱噪音的强度。其衰弱噪音的机理是噪音波被树叶向各个方向不规则反射而使声音减弱；另一方面是由于噪音波造成树叶发生微振而使声音消耗，如图9-39所示。

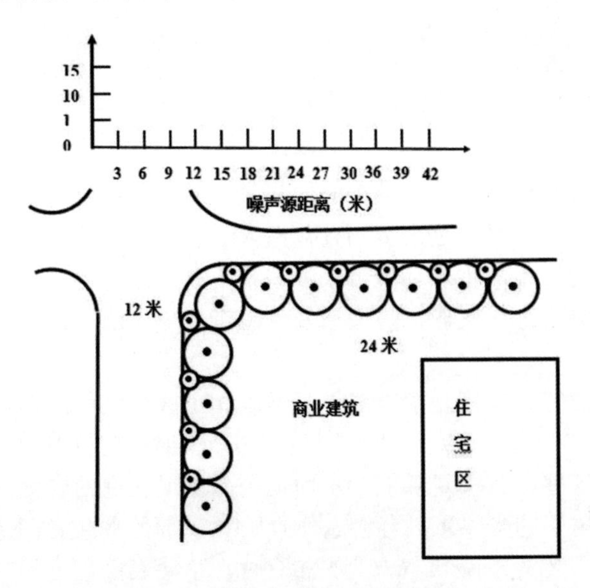

图9-39　植物减弱噪音的强度

3) 防灾避难

在地震区域的城市，为防止灾害，城市绿地能有效地成为防灾避难场所。1923年9月，日本关东发生大地震时，引起大火灾，公园绿地成为居民的避难场所。1976年7月我国唐山大地震时，北京有15处公园绿地总面积400多公顷，疏散居民20多万人。树木绿地具有防火及阻挡火灾曼延的作用。不同树种具有不同的耐火性，针叶树种比阔叶树种耐火性要弱。阔叶树的树叶自然临界温度达到455℃，有着较强的耐火能力。如图9-40所示，非洲南部的水瓶树，所有的水分集中储存在树干里，藏量可达1吨左右，所以水瓶树既不怕干旱，也不怕火烧，即使附近的灌木丛林都烧光了，它依然如故，最多只是毁损一些枝条树叶，次年雨季一到，又会长枝长叶。

4．绿地的景观功能

绿地植物既是景观园林建设的构成要素，又具有美化环境的作用。植物给予人们的美感效应，是通过植物固有色彩、姿态、风韵等个性特色和群体景观效应所体现出来的，运用园林植物的不同形状、颜色和用途，因地制宜的配置一年四季变化的各种乔灌木、花卉可以使居民身心愉悦，得到美好视觉享受的同时，还可以间接起到提升工作效率的作用。一条街道如果没有绿色植物的装饰，无论两侧的建筑多么的新颖，也会显得缺乏生气。同样一座设施豪华的居住小区，要有绿地和树木的衬托才能显得生机盎然。这些朝夕不同、四时互异、千变万化的景色变化，带给人们一个丰富多彩的视觉效果和美好的心理体验，如图9-41所示。

图9-40　非洲南部的水瓶树

图9-41　四季景观

［案例9－6］　　某边坡景观设计

图9-42所示的景观设计的基地是一块陡峭的边坡地带。这里每一堵挡土墙的砖大约都为4英尺厚，而最高只有20英尺。所选植物为红色的帝亚草、金色马樱丹、紫色马鞭草、白斑树和红色丝兰，全部都为耐旱、耐高温的植物，是这个干旱造景设计的重要组成部分。简单的造型便让人感觉到舒心与愉悦，无论是哪种地形，只要经过用心设计都会让普通的地区散发出迷人的风采，让城市绿地的景观功能发挥到最大。

图9-42　某边坡景观设计

整体上看，无论是设计还是选材都非常的简单，而其突出的特点则在对形状的把握上。这是一个长条的弯曲地块，因此将其弯曲减少一部分便会在变化中透出美感。

将石块铺设的地面与植物区非常鲜明的分隔开来，为整个环境增加了不少色彩。弯曲的斜坡反而为设计提供了更多天然的素材，无须架设新的构架便可对其曲度进行修改，如图9-43～图9-46所示。

图9-43　某边坡景观设计

图9-44　某边坡景观设计

图9-45　某边坡景观设计

图9-46　某边坡景观设计

案例摘自：园林景观网，作者改编

9.2　城市绿地系统规划

城市绿地系统规划是对各种城市绿地进行统一规划，系统考量，做出合理安排，形成一定的布局形式，以实现绿地所具有的生态保护、生活居住、生产需要，具有休闲和社会文化等功能的活动。城市绿地系统的布局在城市绿地系统规划中占有相当重要的地位。

9.2.1　城市绿地系统的规划原则

城市绿地的规划设计要遵循城市园林绿化设计的一般原则。首先应该充分考虑和利用规划用地内的自然条件，本身存在着绿化基础以及当地特色景观；其次在自然条件的基础上，

根据当地气候生态特点和土壤条件，选择适宜的绿化元素。同时在设计中既要有统一的基调，又要在布局形式、植物的搭配等方面做到多样而各具特色。具体包括以下原则。

(1) 以人为本，设计为人。城市绿地的规划设计必须有效的为人服务，符合人们使用功能，为人们提供便利。特别是在居住区公共绿地规划设计中，要形成便于出行、保障安全，有利于邻里交往、居民休息娱乐的景观环境。

(2) 利用为主，因地制宜。景观设计需要耗费大量人力、物力资源，一味地投入会造成经济发展链条中其他环节的失衡。如果为了美观种植不适宜当地生态环境的昂贵植物，或者规划结构不合理，势必造成资源浪费甚至加深环境的破坏程度。所以绿地景观设计强调利用为主，适当改造。要充分利用规划用地周围的自然生态因素，城市临近山、水资源时，要使居住区绿地设计与周围山水环境取得有机联系。

(3) 突出特色，生态优化。通过对城市的绿化要进一步协调建筑与周围环境的关系，形成城市绿化的特色，丰富城市的景观，提高绿化的生态环境功能。

(4) 绿地为主，小品点缀。我们绿化的目的是为了提高当地的生态环境功能，并能为人们提供美好的居住环境和放松生活的场所，所以，绿地为主是必需的，只有绿地的增多才能真正改善环境，发挥绿地的功能。适当的点缀会为城市环境增添别致的特色与韵味，比如在公园和风景区绿地建设中添加美观的景观建筑或景观小品，会起到锦上添花的作用。

09

[案例9-7]　　山东省东营市城市水系滨河绿地景观设计方案

滨河绿地的设计以黄河流域地貌特征为依据，结合现有场地用地条件和状况，体现由于水的作用力形成的黄河两岸地形、土壤、植被、人文等特色景观，以及沿河两岸人类活动留下的人工痕迹，突出自然与人工痕迹交汇主题。

设计根据区域(黄河三角洲)景观特色，结合现状情况和存在的问题，并在设计主题和设计原则的指导下，统筹考虑景观效果和使用功能，合理安排活动、停留空间，使水系两岸成为环境优美并能很好的满足市民、游客、周围工作人员活动的场所，如图9-47～图9-49所示。

图9-47　山东省东营市城市水系滨河绿地景观设计

图9-48　山东省东营市城市水系滨河绿地景观设计

图9-49　山东省东营市城市水系滨河绿地景观设计

案例摘自：园林景观网，作者改编

9.2.2　城市绿地系统规划的目的和任务

各个国家和城市针对各地不同的自然因素和人文因素，以及历史条件进行城市绿地规划，其目的就是创造优美自然、清洁卫生、安全舒适、科学文明的现代化城市的最佳环境系统。具体体现在保护和改善城市自然环境，调节城市小气候，保持城市生态，美化城市景观，强化审美功能，创建和谐生态系统，为城市居民提供生产、生活、娱乐、健康所需要的物质和精神方面的优越条件，让人类生活的地球变得更可爱，更美丽。

城市绿地系统规划的任务主要体现在以下几个方面。

(1) 根据当地实际自然、人文条件和发展前景，确定该城市绿地系统规划的原则。

(2) 在城市总体规划框架内合理布局，选择各类园林绿地的位置、范围、面积和性质，并根据国民经济发展计划、建设速度和水平，统计调整绿地的各类指标。

(3) 在城市绿地系统规划的前期阶段，及时提出调整、改造、提高、充实的意见。保证绿地计划的实施顺利进行。

(4) 整理城市绿地系统规划的图纸文件。

(5) 对拟建设的城市绿地提出示意图、规划方案及设计任务书，在绿地的性质、位置、规模、环境、服务对象、布局形式、主要设施项目、建设年限等，做出详细的细节规划。

9.2.3　城市绿地布局的模式

城市绿地布局要按照以人为本、生态优化、因地制宜、均衡分布与就近服务等原则，对各类城市绿地进行空间布局。

首先，保证必要的绿化用地，是提高城市绿化水平的前提条件。其次，城区范围内的公共绿地相对均匀分布，城市建成区和郊区的各类绿地，应当合理布局，并在城市周围和各功能组团间安排适当面积的绿化隔离带。第三，在工业区和居住区布局时，要考虑设置卫生防护林带；在河湖水系整治时，要考虑安排水源涵养林带和公路通风林带；在公共建筑与生活居住地内，要优先布局公共绿地；在城市街道规划时，要尽可能将沿街建筑红线后退，预留出道路绿化用地。

从世界各国城市绿地布局形式的发展情况来看，有8种基本模式即：点状、环状、网状、楔状、放射状、放射环状、带状、指状，如图9-50、图9-51所示。

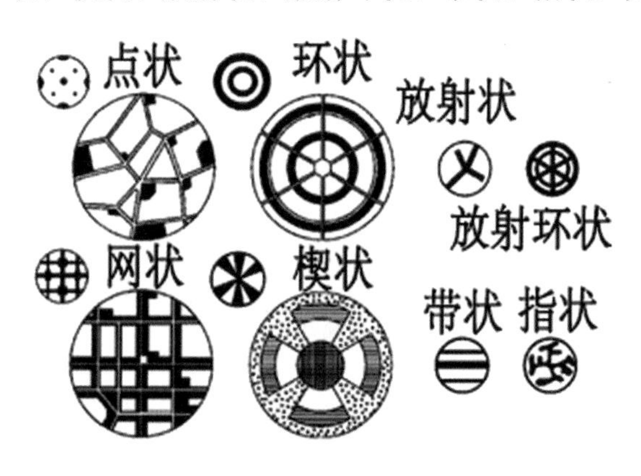

图9-50　城市绿地分布的基本模式

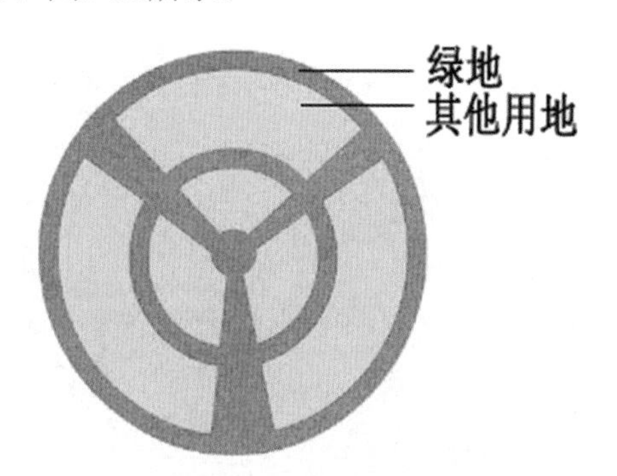

图9-51　城市绿地分系统的理想模式

在我国，城市绿地空间布局常用的形式有以下4种。

1. 块状绿地布局

将绿地成块状均匀的分布在城市中，方便居民使用，多应用于旧城改建中。这种块状绿地的布局方式，可以做到均匀分布，接近居民，方便居民使用。但对构成城市整体艺术面貌作用不大，对改善城市小气候的作用也不显著，如图9-52所示。

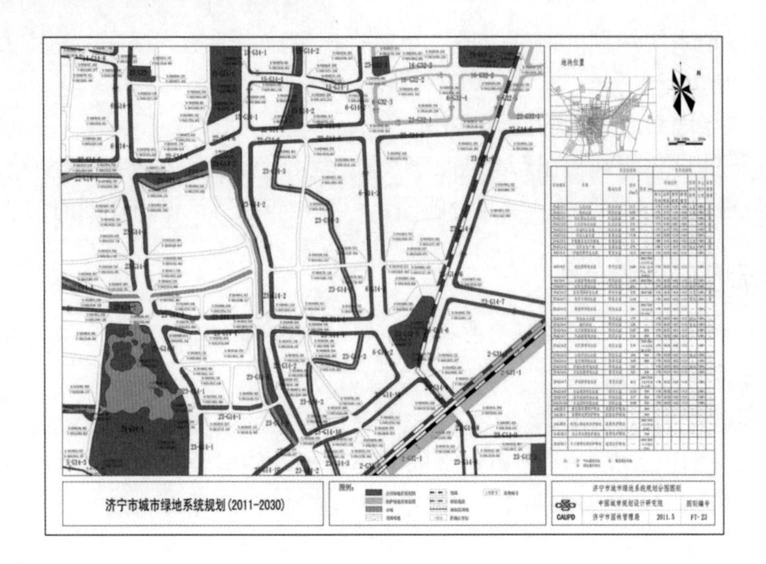

图9-52　济宁市绿地规划及水系分布呈块状分布

2．带状绿地布局

多数是由于利用河湖水系、城市道路、旧城墙等因素，形成纵横向绿带、放射状绿带与环状绿地交织的绿地网。带状绿地布局有利于改善和表现城市的环境艺术风貌，如图9-53、图9-54所示。

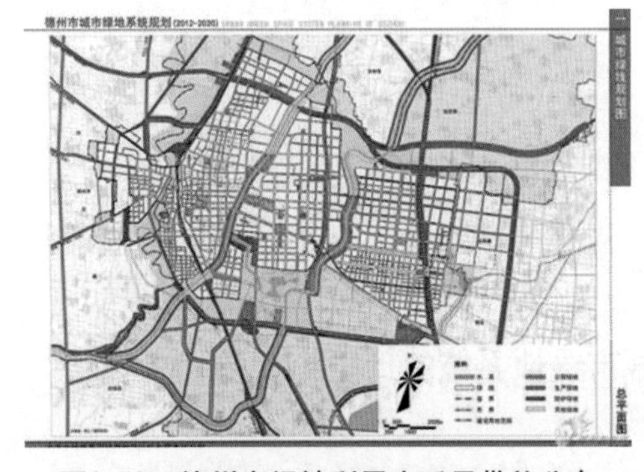

图9-53　德州市绿地利用水系呈带状分布

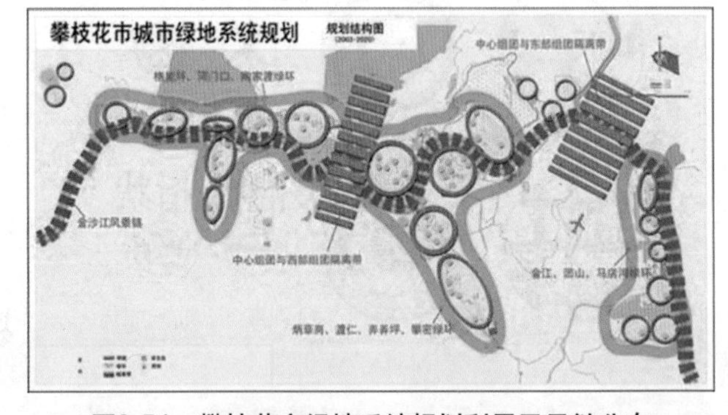

图9-54　攀枝花市绿地系统规划利用风景链分布

3．楔形绿地布局

利用从郊区伸入市中心由宽到窄的楔形绿地，称为楔形绿地。楔形绿地布局有利于将新鲜空气源源不断地引入市区，能较好地改善城市的通风条件，也有利于城市艺术面貌的体现，如合肥。

将以楔形绿地连通城市内外，形成“核、环、廊、楔、网”的分层次的环网放射型模式，如图9-55所示。

4．混合式绿地布局

它是前三种形式的综合利用，可以做到城市绿地布局的点、线 、面结合，组成较完整的体系。其优点是能够使生活居住区获得最大的绿地接触面，方便居民游憩，有利于就近地区气候与城市环境卫生条件的改善，有利于丰富城市景观的艺术面貌，如图9-56所示。

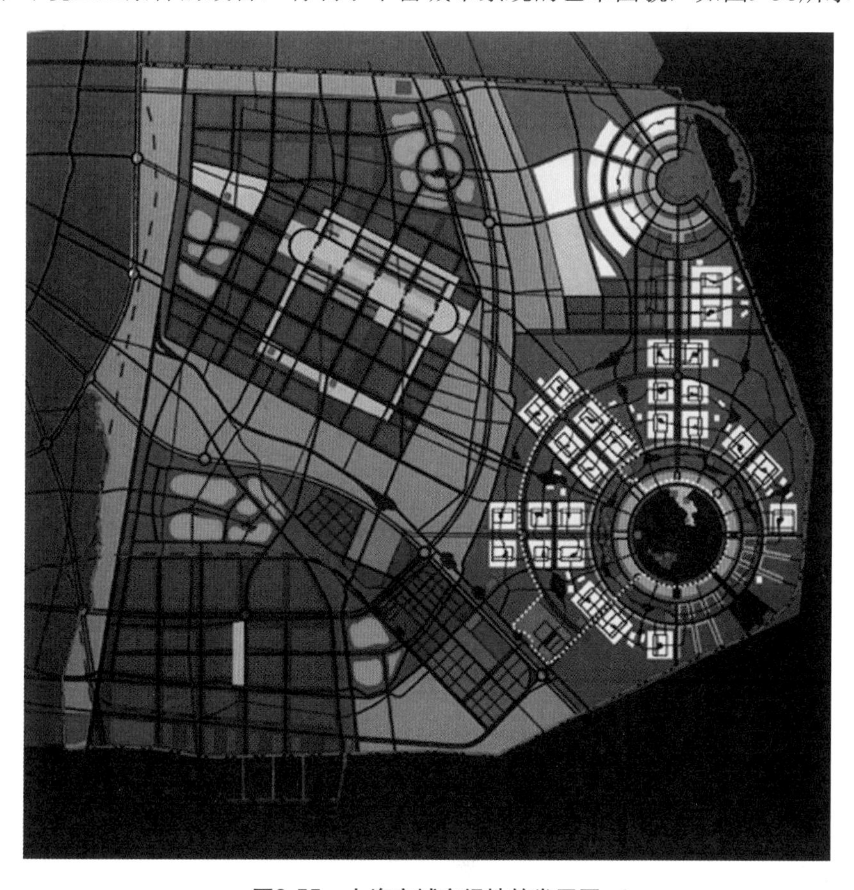

图9-55　上海市城市绿地的发展图

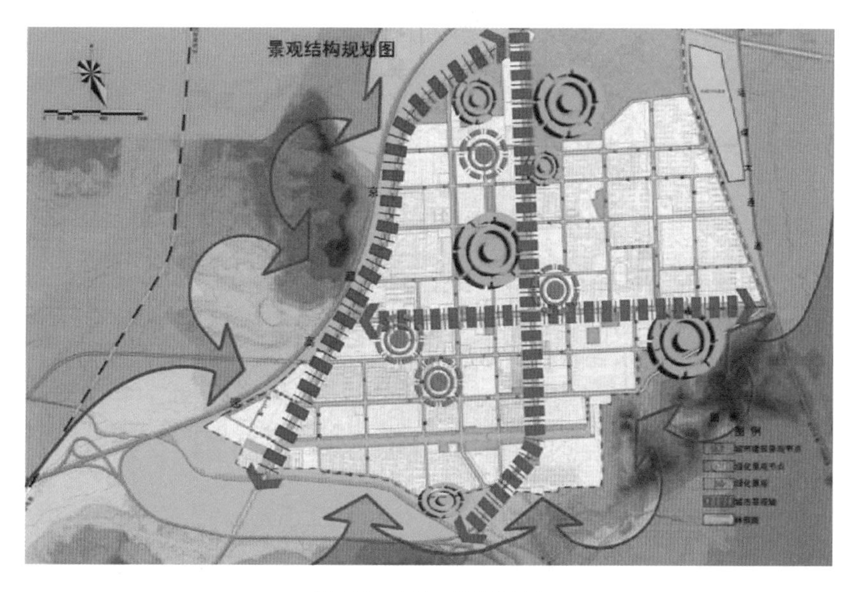

图9-56　混合式绿地布局

[案例9-8]　　连云港绿地系统规划

规划目标——为维护城市生态环境和自然人文景观，切实加强城市绿化管理，严格实施城市绿地系统规划，规划对各类城市绿地（主要包括公园绿地、生产绿地、防护绿地）以及规划区内的风景名胜区、山地、湿地等城市生态控制区域的保护范围进行界定，并确定严格而科学合理的绿化监督管理措施，从而推动城市绿化建设、保护工作的有序进行，为逐步形成合理、完善的城市绿地系统布局提供有效保障。

规划原则——科学性原则、合理性原则、前瞻性原则、可操作性原则。

绿线制定原则如下。

1．侵占绿地收复。清除违章建筑，还绿于民。

2．现状绿地保留。在与城市各片区控制性详细规划紧密对接的基础上，尽最大可能保留现状绿地。

3．现状绿地扩大。现状绿地出入口局促、用地不完整的，结合道路系统完善、特色空间塑造，扩大用地规模；现状绿地规模不足或配套设施不足的，需要扩大用地规模；现状绿地周边污染和环境建设不协调用地应予以改造，优先转化为绿地。

4．新建绿地。充分利用优越的自然条件、人文条件，显山露水，体现“山、水、文、林”特色；结合城市更新，在主城内人口稠密、建筑密度高、绿地率低的地段，根据居民出游需要择地建设绿地，改善绿地分布和市民享有程度；结合城市特色空间塑造，在主城内城市景观重点控制地区，择地建设绿地，进一步丰富城市景观。

(1) 山——重点保护中心城区内以云台山大小山体为主的自然保护区、风景名胜区和森林公园。充分利用现有地貌及良好的植被资源，强化城市自然特色，避免大动土方，保护城市山林。

(2) 水——紧密结合滨海、滨湖、滨河空间，创造特色景观，改善城市小气候、满足城市防洪要求。

(3) 文——结合各类名胜古迹用地和历史文化地段进行景观提升，建设各类名胜古迹公园。

(4) 林——依托城市建设发展进程，在现有城市绿地建设成果的基础上有序发展各类绿地，使城市绿地系统与城市其他各类用地及城市路网系统紧密联系。

具体控制指标要求如下。

1．公园绿地

(1) 综合公园：面积小于5公顷的，植物物种不低于100种；面积5～10公顷的，植物物种不低于150种；面积10～20公顷的，植物种类不低于200种；面积20～50公顷的，植物种类不低于250种；面积大于50公顷的，植物种类不低于300种。

(2) 社区公园：小区游园植物物种不低于50种；居住区公园植物物种不低于75种；面积大于1.5公顷以上的社区公园，植物种类不低于100种；面积大于2公顷以上的，植物种类不低于120种。

(3) 专类公园：面积小于5公顷的，植物物种不低于100种；面积5～10公顷的，植物物种不低于150种；面积10～20公顷的，植物种类不低于200种；面积20～50公顷的，植物种类不低于250种；面积大于50公顷的，植物种类不低于300种。其中，植物

园要求植物种类不低于350种。

(4) 带状公园：面积小于5公顷的，植物物种不低于50种；面积5～10公顷的，植物物种不低于100种；面积10～20公顷的，植物种类不低于150种；面积20～50公顷的，植物种类不低于200种；面积大于50公顷的，植物种类不低于250种。

(5) 街旁绿地：面积0.5公顷以下的，植物物种不低于30种；面积1公顷以上的，植物物种不低于75种；面积2公顷以上的，植物物种不低于150种。

2．生产绿地

生产绿地作为提供城市绿化树种资源的“仓库”，对城市绿化起着重要的引导和决定作用，在城市生产绿地的建设中，应重视和加强对乡土树种的开发利用，规定在园林苗木的生产培育中，乡土树种的比例应不低于50%。

3．防护绿地

防护绿地以卫生、隔离和安全防护为主体功能，在树种选择上对植物抗逆性有一定的要求，因此，植物种类数量受到一定限制。规划中应在满足安全防护的基础上尽可能丰富植物种类，原则上该类绿地植物种类应不低于30种。

4．附属绿地

附属绿地由于单位性质的差别，绿地功能的差异较大。面积0.5公顷以下的，植物物种不低于30种；面积1公顷以上的，植物物种不低于50种；面积2公顷以上的，植物物种不低于75种；面积5公顷以上的，植物种类不低于100种。

5．其他绿地

其他绿地一般为风景名胜区、森林公园、郊野公园、湿地等规模较大的生态绿地，原则上该类绿地植物物种种类应不低于300种。

连云港市城市绿地规划如图9-57、图9-58所示。

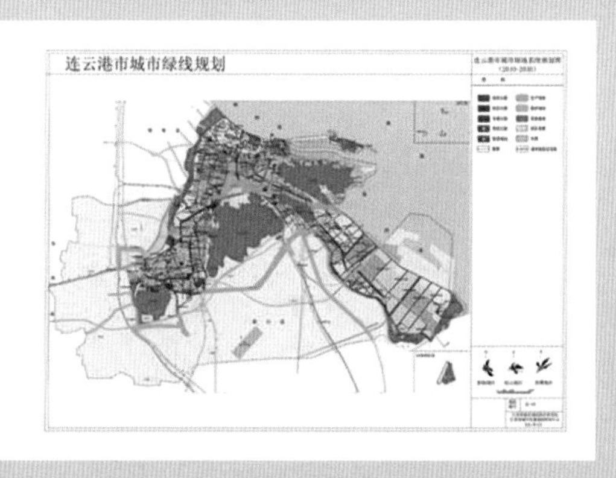

图9-57　连云港市城市绿地规划

图9-58　连云港市城市绿地规划

案例摘自：园林景观网，作者改编

本章小结

本章介绍了城市绿地的有关内容，对城市绿地的分类及功能做了详细介绍，了解城市绿地的知识结构对于我们宏观把握整个景观设计有着不可忽视的作用。前几章所讲的居住区设计、庭院设计、城市广场设计、城市公园设计等都是在城市绿地的基础上来扩充深入的。所以，掌握好城市绿地的内容和含义，是深层次学习景观设计的有力武器。

思考练习

1．解释一下城市绿地的含义？
2．城市绿地的分类与功能是什么？
3．谈一下城市绿地规划系统的设计原则？
4．城市绿地规划系统有哪些模式，并举例说明？

实训课堂

实训课题：制作城市绿地规划系统效果图。

(1) 内容：以自己所在居住城市为例，运用所学城市绿地布局模式将自己的城市绿地规划系统效果图描绘出来。

(2) 要求：详细说明城市绿地规划是哪种模式并加以阐述。

第10章

景观设计案例赏析

学习要点及目标

了解国内外经典案例。
学习优秀案例中的设计手法。
学习优秀案例中的创新点。
能够在经典景观设计案例中得到启发。

核心概念

设计案例　视觉元素　创新思维　想象力

本章导读

分析案例可以让初学者更好、更容易地掌握景观设计的学习内容。国内外许多成功的案例无一不是将景观设计的基础知识进行反复、深化地利用得出的经典作品。案例中也不乏有不当的设计之处，正确的分析案例，也是一个互相学习、取长补短的过程。同时，面对不同的景观设计作品，我们还可以从中得到启发，促进自身知识广度的提高。本章第一节从景观设计最基础的造型元素着手分析，赏析国内外经典案例中对基础造型知识的认识与利用。第二节注重思维的作用，分析经典案例中的“头脑风暴”带给景观设计的创新点，看看设计之于人的生活增添了怎样的趣味与帮助。

10.1　景观设计中的“骨架”——视觉造型元素

景观设计某种程度上来说是一种视觉传达艺术。除了实际生活当中体会到景观设计带给我们的便利，更多时候得到的是视觉上的享受。这种视觉传达艺术是由视觉元素构成的。视觉元素是指把概念要素见之于画面，即用点、线、面基本元素构成设计形态的基本单位形象，或通过看得见的形状、大小、位置、色彩、方向、肌理等被称为基本形的具体形象的体现。点、线、面是一切造型要素中最基本的要素， 在现实生活中，各色各样的形不论具象、意象还是抽象都离不开点、线、面。再小的点，只要可见，就一定有其形状、大小、色彩和肌理，因此点线面被称为构成物体形象的“三大要素”。

三大元素看起来非常简单，却是现代设计中必不可少的基础。它们运用不同的组合，能够产生各种各样的空间视觉形象，决定着设计的美感。因此深入了解和把握点、线和面的性质与表现力，是创作设计新美形态的根本。

瓦西里·康定斯基这样说过“依赖于对艺术单个的精神考察，这种元素分析是通向作品内在律动的桥梁。”点、线、面、色彩、肌理等作为视觉构成的基本元素，是构成景观设计的基础，是景观设计的艺术语言。

下面我们来看一些景观设计的案例，欣赏一下视觉造型元素在案例中的运用。

[案例10-1]　　GStaedel博物馆

点元素使用得当会让作品新奇出彩，德国法兰克福施特德尔美术馆扩建设计，由Schneider+Schumacher Architekten设计的方案赢得比赛，这个方案中一大特色便是利用点元素来组织整体画面感。

设计创造在博物馆的庭院中花园下方建造画廊，草地上突起鼓胀出半圆形的坡，如图10-1所示。

设计所达到的非凡效果："在白天它们像珠宝一样发光，到了晚上就像散落地毯上的宝石。"

扩建构想中设计了一个中心轴，以保持博物馆的历史空间秩序感。通过大厅可以进入新的展厅。大厅经过重新设计使得整个大厅看上去畅通无阻。特别展示厅直接与大厅和永久收藏展示厅相连。行政部门和Metzler礼堂以及图书馆则重新部署在建筑西侧。

中央房间顶部有着优雅弧线，通过一些圆形吊灯的装饰，整个天顶精美雅致，如图10-2所示。天花板的弧形结构从它顶上的花园中突了出来，像一个花园的地理艺术，此外它还有利于对中央大厅空间的延伸。紧凑的建筑形式，加热和冷却措施，空气预热和预冷以及巨大的储物室，所有的这些设计都使得整个建筑可以通过最少的能源消耗达到最理想的温度效果，如图10-3、图10-4所示。

GStaedel博物馆不仅仅是一个独特的展示场所，还是一个当下绿色建筑流行的优秀典范。

图10-1　地灯的设计运用点让整个设计新奇出彩

图10-2　GStaedel博物馆

图10-3 GStaedel博物馆

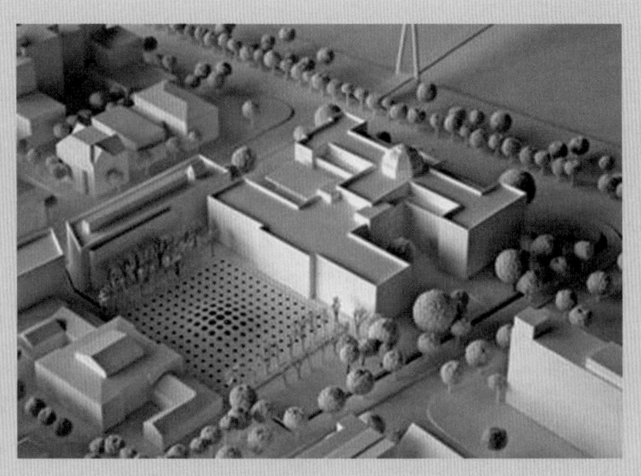

图10-4 各种植被，像大小不一的点一样分散在设计中，既美观又有绿化作用

案例摘自：园林景观网，作者改编

[案例10-2] 意大利：Dynamic花园

这座小花园(两个区域，共约800平方米)，按照需求，包括建设一辆机动车入口、一个储藏室、重新设计的草坪空间。在场地上的两座房屋，其建筑年代可追溯到18世纪早期。

该设计的空间利用简单的线条重新排序：白色的大正方形围绕着草坪，意大利风格的园林设计，地面铺装的小路直接连通车库和库房，垂直的另一条铺装小路连接房屋，如图10-5所示。

按照地方政府建筑法规，车库下的管道必须连接20立方米储(雨)水箱。花园设计上尽量减少了水泥使用，取而代之的是，大面积的土地来吸收多余的雨水。出于这个原因，图上所显示的白线对应的是排水道，当水溢出排水线时，水能够流到花园草坪上。可以看到在地面上的排水线是沿着道路铺砖的，通向车库和房屋。

图10-5 意大利：Dynamic花园

花园中的车库和储藏室彼此分离，通过一系列的插入地下的、不同的角度的刀片状的金属装饰分隔。叶片在风大的时候，可以轻微地垂直运动。

在东边，是由另一座花园连接的厨房和一座环形编织的凉亭，可以用于享受户外进餐。灯被固定在一个圆形的冠形结构上，周围有一台空气清新器来清洁周围的空气，如图10-6～图10-15所示。

图10-6　意大利：Dynamic花园

图10-7　意大利：Dynamic花园

图10-8　意大利：Dynamic花园

图10-9　建筑线条与地面搭配

图10-10　意大利：Dynamic花园

图10-11　意大利：Dynamic花园

图10-12　意大利：Dynamic花园

图10-13　阳光透过线条形成稀疏的投影

图10-14　凉亭也符合整体设计思路，用线条设计

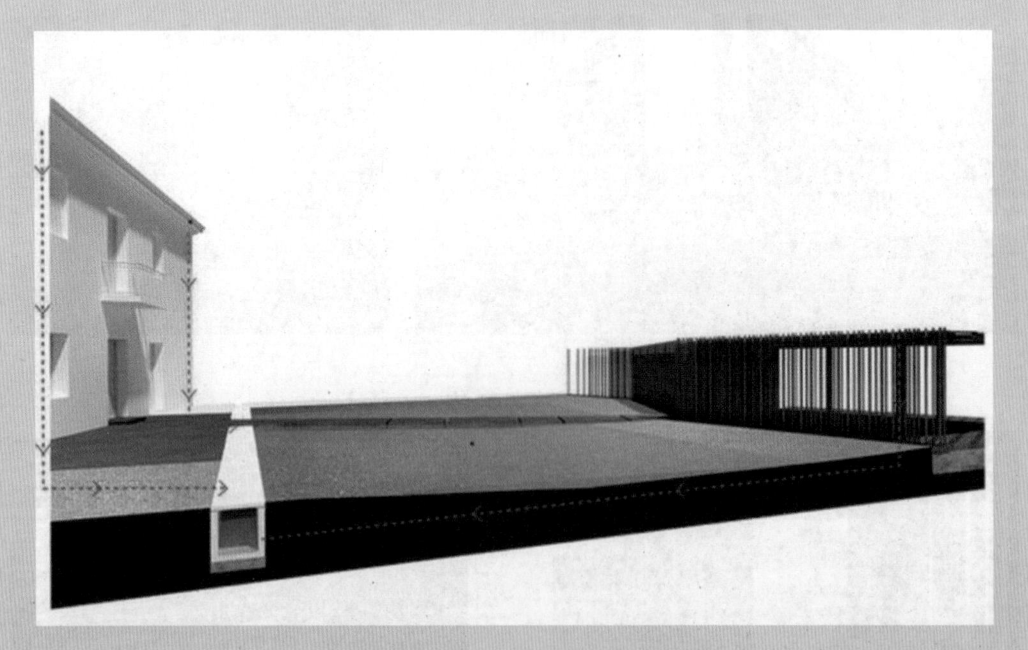

图10-15　意大利：Dynamic花园

案例摘自：园林景观网，作者改编

[案例10-3]　　泰国：舒兹伯利国际学校游乐场

这个游乐场是为舒兹伯利国际学校的幼儿园设计的。游乐场突出色彩在设计中的重要性，以缤纷充满活力和热情的彩色线条进行地面铺设，如图10-16所示。

目前的学校运动场还是传统的单一功能性场地，活动方式以及空间都是有限的，不利于孩子的头脑发展。为了解决这一难题，设计师为孩子们设计了这个更合适的活动场所。

新的活动场设计更有利于孩子的成长，为他们提供了很多的探索机会和社会交互作用的模式。场内绿化环境好，在这里能够进行多种户外活动，设置了很多不同功能的小型豆荚活动区域，根据需要不同，训练孩子们的感觉、触觉、视觉以及水上、陆地游戏等，如图10-17～图10-22所示。

图10-16　丰富的色彩为学校增添活力

图10-17　泰国：舒兹伯利国际学校游乐场

图10-18　泰国：舒兹伯利国际学校游乐场

图10-19　泰国：舒兹伯利国际学校游乐场

通过不断的探索，孩子们可以不断适应不同的环境以及为将来的社会性适应做好准备。

图10-20 泰国：舒兹伯利国际学校游乐场

图10-21 泰国：舒兹伯利国际学校游乐场

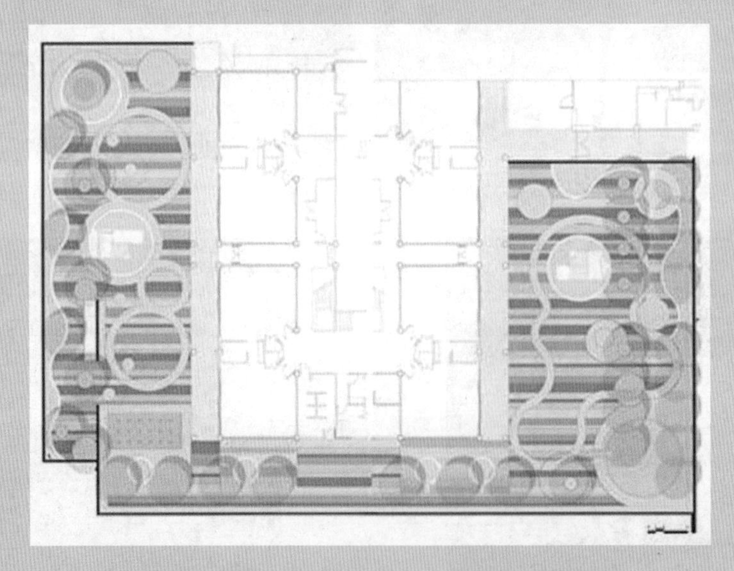

图10-22 泰国：舒兹伯利国际学校游乐场总平面图

案例摘自：园林景观网，作者改编

10.2 景观设计中的灵魂——想象力

爱因斯坦曾经说过："一切创造都是从创造性的想象开始的，想象力比知识更重要，因为知识是有限的，而想象力概括着世界上的一切，推动着进步并且是知识进化的源泉。"

景观设计中常常要发散思维，运用常人想象不到的智慧进行独特的组合与设计。想象力

是景观设计中最重要的也是最基本的一种思维方式，也是景观设计师素质能力的要素之一，更是一幅好的景观设计作品的价值所在。

我们在上一节讲过景观设计是一种视觉传达艺术，除了需要视觉元素组成景观设计的基本要素之外，更重要的是要用丰富的想象力将这些元素组织起来。通过设计和策划让观众感受到设计主题的存在价值，从而打动观众。如果说造型元素是组织景观设计要素的骨架，那么想象力就是景观设计的灵魂。

下面我们来赏析一组精彩的景观案例，体会一下这些案例中的奇思妙想。

[案例10-4]　　戴尔·奇胡利的充满活力的玻璃雕塑园

艺术家戴尔·奇胡利创造性的表达在新装修的社区空间得以完全展示。西雅图中心美丽的胡利花园占地1.5亩，其中包括展览厅、一个花园和一个温室。在每个场地，奇胡利都利用奇妙多彩的玻璃创作来提升空间，而其主要的设计目的是为了突出社区创意能够带来迷人、活跃的精神，如图10-23～图10-36所示。

图10-23　戴尔·奇胡利的充满活力的玻璃雕塑园

图10-24　戴尔·奇胡利的充满活力的玻璃雕塑园

图10-25　戴尔·奇胡利的充满活力的玻璃雕塑园

图10-26　戴尔·奇胡利的充满活力的玻璃雕塑园

图10-27　戴尔·奇胡利的充满活力的玻璃雕塑园

图10-28　戴尔·奇胡利的充满活力的玻璃雕塑园

图10-29　戴尔·奇胡利的充满活力的玻璃雕塑园

图10-30　戴尔·奇胡利的充满活力的玻璃雕塑园

图10-31　戴尔·奇胡利的充满活力的玻璃雕塑园

图10-32　戴尔·奇胡利的充满活力的玻璃雕塑园

图10-33　戴尔·奇胡利的充满活力的玻璃雕塑园

图10-34　戴尔·奇胡利的充满活力的玻璃雕塑园

图10-35　戴尔·奇胡利的充满活力的玻璃雕塑园

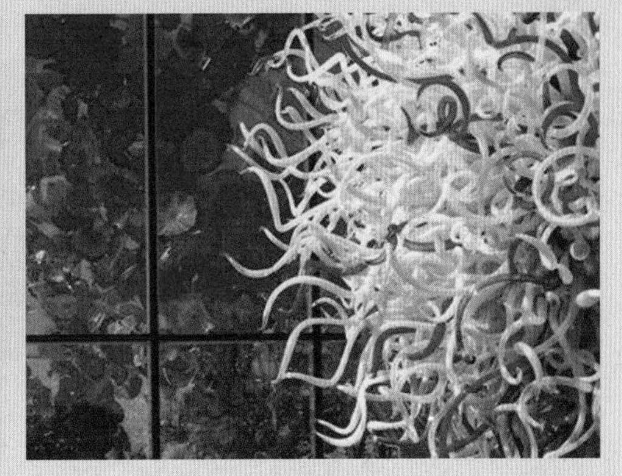

图10-36　戴尔·奇胡利的充满活力的玻璃雕塑园

奇胡利的玻璃雕塑反映了他对爆炸性颜色的充分利用，以展示空间的质地和设计。他的大部分玻璃雕塑主要是花卉图案，这是因为他已故的母亲是一个狂热的园丁，他用这种方式向他母亲致敬。同时，他的这些灵感也来自他母亲的园艺事业。奇胡利清楚地知道如何创造人造建筑装饰自然空间，所以他不遗余力地把观众的注意力补充进他们的环境。因此，无论是他的雕塑装置是集成在花园里，或是挂在温室的天花板上，它们似乎都是合适的。

案例摘自：园林景观网，作者改编

[案例10-5]　奇特、变化的亭子KREOD

设计师使用先进的参数化设计工具和数字化技术，运用环保材料和前卫的设计，制作了这一奇特的、非传统意义上的亭子。这个亭子还是一个建筑雕塑，其有机的造型和环保的材料使其一经建成就备受瞩目。

外观设计灵感来源于自然，形似三个种子，三个种子结构通过相互咬合的六边形连接在一起，形成密闭的整体，造型精致、安全防水。三个结构还可以组合出不同的造型。亭子是由环保的回收木材制成的，可以作为多媒体中心、时尚酒吧、集市和公共活动举办地。KREOD亭成为当地的地标性建筑，同时也是可供做公共展示的场地，如图10-37～图10-44所示。

图10-37　KREOD亭

图10-38　KREOD亭

图10-39　KREOD亭

图10-40　KREOD亭

图10-41　KREOD亭

图10-42　KREOD亭

图10-43　KREOD亭

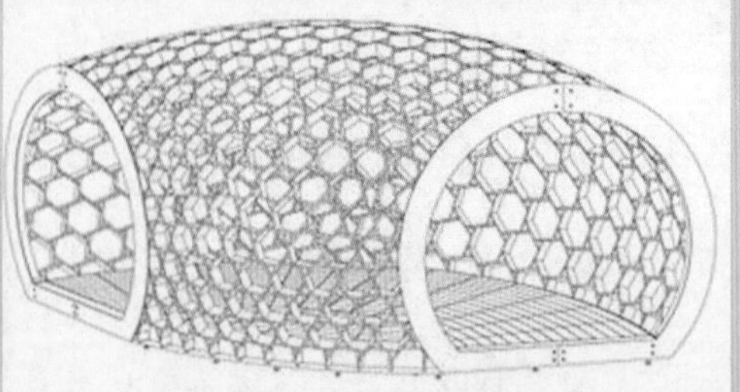

图10-44　KREOD亭

案例摘自：旅游设计网，作者改编

[案例10-6]　戴丹麦哥本哈根大学Tietgenkollegiet学生宿舍

记得你上大学时所住的宿舍什么样吗？回忆起当年所住的宿舍条件，上网总掉线，厕所常断水，被子晾外面一转眼就不见了……估计大部分人有吐不完的槽。俗话说人比人得死，货比货得扔。下面就给大家介绍一下丹麦哥本哈根大学的Tietgenkollegiet学生宿舍，它堪称“世界上最酷的大学宿舍”。

这座造形特别的圆形建筑物于2007年落成，是丹麦建筑师Lundgaard和Traneberg Arkitekter作品，灵感来自中国土楼的设计，夺得过英国皇家建筑师学会国际奖（RIBA InternationalInternational Awards）。其设计概念是着重学生之间的沟通和交流，它是丹麦政府对未来学生居住环境的完美描绘，如图10-45～图10-48所示。

图10-45　戴丹麦哥本哈根大学Tietgenkollegiet学生宿舍

图10-46　戴丹麦哥本哈根大学Tietgenkollegiet学生宿舍

图10-47　戴丹麦哥本哈根大学Tietgenkollegiet学生宿舍

图10-48　戴丹麦哥本哈根大学Tietgenkollegiet学生宿舍

远看，宿舍外围是一格格的，突出窗户和露台，起伏有致，貌似高尚住宅。五个出入口将这个圆形的“碉堡”分成五个大段落，但又可以彼此连接。入内，底座的同心圆是公共空间，有一个种满植物的小庭院，周边围绕的就是学生们用的餐厅、视听室、自习室、洗衣室、音乐室、会议室和单车的停车处等。往上，是一个个长形方块，就是一间间房间，总共7层，并且每一层也有公共空间，例如公用厨房、自习室、休息室等。

整个宿舍有360间房间，其中10%的房间给国际交换学生居住。每个房间都有独立洗手间及露台，景观优美，可观看四周景色及内部的中央庭园。此外，房间可分为4种，包括26平方米、29平方米、33平方米和42平方米，配合学生的不同需要，如图10-49～图10-59所示。

图10-49　戴丹麦哥本哈根大学 Tietgenkollegiet学生宿舍

图10-50　戴丹麦哥本哈根大学 Tietgenkollegiet学生宿舍

图10-51　戴丹麦哥本哈根大学 Tietgenkollegiet学生宿舍

图10-52　戴丹麦哥本哈根大学 Tietgenkollegiet学生宿舍

图10-53　戴丹麦哥本哈根大学 Tietgenkollegiet学生宿舍

图10-54　戴丹麦哥本哈根大学 Tietgenkollegiet学生宿舍

图10-55　戴丹麦哥本哈根大学Tietgenkollegiet学生宿舍

图10-56　戴丹麦哥本哈根大学Tietgenkollegiet学生宿舍

图10-57　戴丹麦哥本哈根大学Tietgenkollegiet学生宿舍

图10-58　戴丹麦哥本哈根大学Tietgenkollegiet学生宿舍

图10-59　戴丹麦哥本哈根大学Tietgenkollegiet学生宿舍

案例摘自：园林景观网，作者改编

[案例10-7]　　新加坡滨海湾公园

新加坡滨海湾公园出现了一些不可思议的巨型大树设计。这个面积为101英亩的自然保护区不久将会引进全世界超过22.6万种的植物和花卉。这个巨型大树是由Grant Associates建筑事务所设计，18棵巨型大树将会形成塔状垂直花园，用于收集雨水，利用太阳能发电，同时也是保护区的通风管道。尽管这个花园距离竣工还需一段时间，但毫无疑问，巨型大树将会成为一道最为亮丽的景观，如图10-60～图10-63所示。

图10-60　新加坡滨海湾公园

图10-61　新加坡滨海湾公园

图10-62　新加坡滨海湾公园

图10-63　新加坡滨海湾公园巨型大树设计

滨海湾花园将会成为新加坡最大的花园工程，这项工程对滨海湾的发展是至关重要的。该花园由新加坡自然公园理事会管理，花园内有两个别具一格的温室，一个是花卉温室(是一个凉爽的干燥空间)，一个是白云森林温室(是一个凉爽的湿润空间)，同时还有各种各样的主题花园，比如园艺花园、遗产花园。来自全世界成千上万种植物和花卉将会在这里安家。英国景观建筑事务所Grant Associates将会设计建造花园南部的区域。

花园中最吸引人的无疑就是巨型大树的设计，大树的高度由25～50米不等。18棵大树将会成为垂直花园，上面装饰有热带花卉、附生植物和蕨类植物。在白天，大树和上面的天棚可以为游客提供阴凉处，帮助调节温度。夜晚，天棚里面安装的各种特殊照明灯具和投射媒介，奇光异彩，别具另一番迷人的景象。这些大树中的11棵树会

装上太阳能电子版，用于吸收太阳能发电，供照明灯，以及用于冷却室内温度的供水设备使用，如图10-64所示。

空中走道连接着较高的两座巨型大树，因此游客们可以从上面观察周围的景观。在50米高的巨型大树的顶端有一个小的酒馆，从这里可以看到海湾的全景，以及花园周围的绝美景观，如图10-65、图10-66所示。

图10-64　新加坡滨海湾公园巨型大树设计

图10-65　新加坡滨海湾公园

图10-66　新加坡滨海湾公园

案例摘自：园林景观网，作者改编

[案例10-8]　　CEBRA：丹麦创意幼儿园设计

CEBRA公司一直在为年轻的使用者设计建筑，而他们最新设计的幼儿园打算打破传统学校的框架，从而可激发小孩的好奇心和创作力。这个设计还在进行之中，幼儿园的结构以不同“主题”为出发点，专注于特定一项活动，如艺术、设计和建筑。对于丹麦的幼儿园来说，这确实是一种创新，它对小孩进行的学前教育不再是通过正式课程，而是通过玩耍。而且本次设计还邀请了不少父母参与，让他们提供意见。

有位建筑师的教育观是这样的：“如果用建筑来教育孩子的话，我们应该可以避免教育他们传统的建筑特点。一间屋子不一定非要有斜屋顶，房门不一定要在中间，窗户不一定都在房子两端，这些都是小孩应该学会的。只要小孩子们充分想象，房子可以是任何形状的。”

幼儿园有5个滴状结构，其中两个是员工区，另外三个是孩子集体活动区。集体活动区分散布置在花园一侧，这样孩子们可以看到风景。每个区都有固定的教育目的，在这里孩子们通过玩耍能学到颜色、形状、几何方面的知识。

按水平面分，建筑分成两部分：5个滴状基座和共同联通的屋顶。滴状基座采用白色色调和曲线墙壁设计，看起来像是卷纸，小孩子可以用他们自己的画和雕塑品来装饰墙面。尖尖的多彩天窗的装饰设计由涂鸦艺术家Huskmitnavn完成，它将是孩子们灵感的来源，并告诉小孩和家长“在某个时刻，艺术既有趣又严肃”，如图10-67～图10-72所示。

图10-67 丹麦创意幼儿园设计

图10-68 丹麦创意幼儿园设计

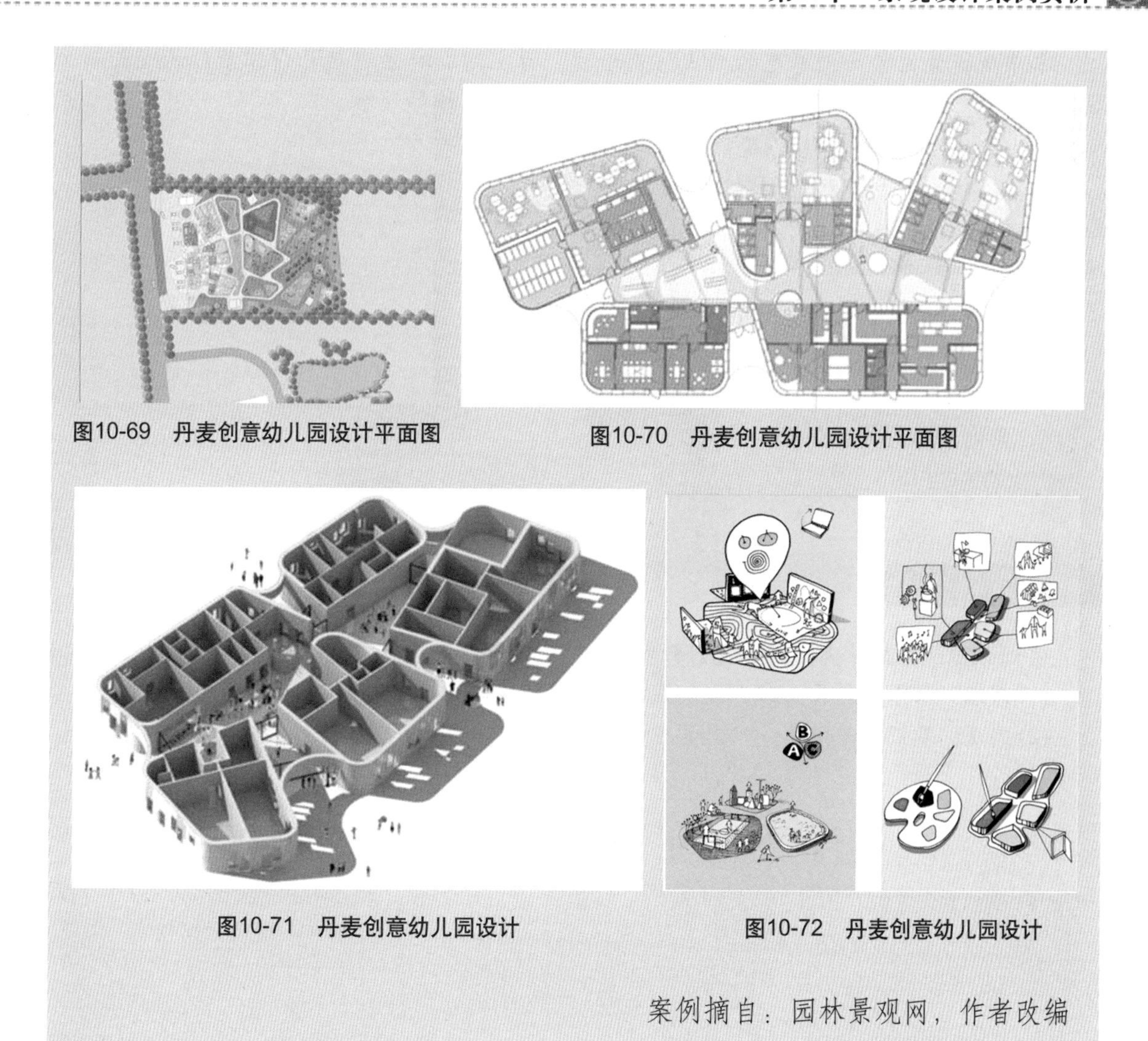

图10-69　丹麦创意幼儿园设计平面图

图10-70　丹麦创意幼儿园设计平面图

图10-71　丹麦创意幼儿园设计

图10-72　丹麦创意幼儿园设计

案例摘自：园林景观网，作者改编

提示

丹麦创意幼儿园设计带给我们的不仅仅是从小孩子的好奇心和创造力出发来设计学校，更提示了我们对于景观设计的想象力应该回归到初始状态，多像小孩子一样充满天马行空的奇思妙想，将不可能的幻想利用所学知识表现出来，这或许是景观设计想象力最终目的的培养。

本章小结

好的案例可以给我们诸多启发，案例中的精彩之处也可以用来借鉴到另外的作品中去，多观摩优秀的经典案例，对自己学习景观设计会有帮助。

本章从视觉元素和创意思维两大方面出发，旨在增加对景观设计内容学习的理解和掌握，充分消化和吸收，能从出色的知名案例中得到艺术思维的升华。

思考练习

1．案例中采用了哪些造型手法？
2．景观设计的造型手法有哪些？
3．怎样提高创新思维？
4．案例中的创新点在哪？

实训课堂

实训课题：分析经典案例中的创新思维。

(1) 内容：从本章所学内容出发，找几份构思巧妙的景观案例，分析案例中的创新点。

(2) 要求：案例随意挑选，只需具有代表性即可。

10